衣裳年华

指尖上的中国

浅浅
草草
—— ——
著 主编

中国少年儿童新闻出版总社
中国少年儿童出版社
北京

图书在版编目（CIP）数据

衣裳年华 / 浅草著 . -- 北京 : 中国少年儿童出版社 , 2025. 1. -- (指尖上的中国 / 浅草主编).
ISBN 978-7-5148-9237-6

Ⅰ . TS941.12-49

中国国家版本馆 CIP 数据核字第 2024L1B462 号

YI SHANG NIAN HUA
（指尖上的中国）

出 版 发 行： 中国少年儿童新闻出版总社
中国少年儿童出版社

执行出版人：马兴民
责任出版人：缪 惟

丛书策划：缪 惟 邹维娜	封面插图：谢月晴
责任编辑：李 华	内文插图：彭 媛
责任校对：田荷彩	装帧设计：yoko
责任印务：厉 静	

社　　址：北京市朝阳区建国门外大街丙 12 号　　邮政编码：100022
编 辑 部：010-57526336　　总 编 室：010-57526070
发 行 部：010-57526568　　官方网址：www.ccppg.cn
印　　刷：艺堂印刷（天津）有限公司
开　　本：720 mm × 1000 mm　　1/16　　印张：12.5
版　　次：2025 年 2 月第 1 版　　印次：2025 年 2 月第 1 次印刷
字　　数：125 千字　　印数：1—6000 册
ISBN 978-7-5148-9237-6　　定价：49.00 元

图书出版质量投诉电话：010-57526069　 电子邮箱：cbzlts@ccppg.com.cn

一片素心好成物

　　孩子对物是共情的。在他们的感觉中，一切事物都是带有灵魂的。我小时候不会对着镜子跟自己说话，但是，会对着一块石头、一棵草或一条河说很多很多的话。看到自己的橡皮变得越来越小了，我就开始跟"他"告别；捡到一片树叶，看见叶脉在阳光下抖动，也会问"他"是不是要死了。《当代》杂志徐晨亮主编的小女儿温婉可爱，在新疆乌鲁木齐与我们分别时，她给每一位老师送了一张自己画的小画。送给我的是一朵小花儿的简笔画，小姑娘告诉我："这朵花儿很快就开了……"

　　成年人对物是有寄托的。"斑竹枝，斑竹枝，泪痕点点寄相思"，竹子的纹路激发了伤感；"记得小蘋初见，两重心字罗衣"，一件衣服惹起了万千的牵挂；"烈士击玉壶，壮心惜暮年"，李白的玉壶里有铿锵之声；"春咏敢轻裁，衔辞入半杯"，义山的诗情可以装入酒杯之中……

　　让孩子感悟物之趣，了解物之理，用自己的手做一件饱含想象力的器物，让身体感受在那创造性的瞬间迸发出来的欢欣鼓舞，这才是这本书所以鼓吹童心与物心相融通的题中之义。

　　多年来，浅草喜欢各种各样充满情趣的小物件。一杯清茶，她看见了世间温润的情怀；一壶生普，她闻见了苍云变幻的从容；她坚信扣碗倒出来的不仅仅是汤汁，还是可以与宋人同色的领悟；她觉得一件茶叶末釉的器具，饱含了神秘的情调和韵味。如果不是还肯对这个世界抱持一种人文主义的猜想，如果不是还肯对人维持一点儿善良纯粹的愿望，怎么会有浅草笔下万物雅趣的生动？

　　三分侠气能为友，一点素心好做人。英国有一句谚语说，人类可以造楼、造火车，只有大自然造出了一棵草。其实，人类还可以用大自然造一棵草的心来造自己。

　　让孩子学习一点儿匠心造物的知识，感受一点儿器物本心的光晕吧！这不是让他们享受简单的孩童情趣，而是让他们长大后还有能力焕发孩童情趣，还有能力想象自己可以创造属于自己的世界！

周志强

南开大学文学院博士生导师，
长江学者，天津美学学会会长

自序

三十多岁的时候,我接触了传统手工艺文化,得以把自己当小孩重新养成,这令我在四十岁依然保持对万物的好奇心,有一个"好学生"的心态和动力。为了深入这份爱,我写书、读博、到处走访,生活中充满发现美好的欣喜和不断成长、进步的自信。此时的我,比十几二十岁时更具少年气。

希望孩子们也能从传统手工艺文化中获得这份内在滋养和动力,不是说都得"投身"传统,而是养成一种对事物、对世界、对人生的由坚实和诚恳构成的底层逻辑。许多现代科技的灵感都源自这些看似古老、简单的手工技艺,"指尖上的中国"这套书不仅能够帮助我们更好地理解科技是如何从日常生活中发展起来的,也能够让我们对劳动和生命有更多的尊重和敬畏,养成以探索、主动实践的习惯来对抗被投喂与被决定的命运。

现在的孩子一出生便是人工智能接管的生活，大数据算好一切供奉在屏幕上，手指点一点就自动投喂，容易让人忘了自己双手的伟大能力和思维意识曾经创下的奇迹：如何做投枪、渔网来打猎和捕鱼，如何用泥和水做成陶瓷水杯，棉麻植物如何变成衣裳，米面如何变成点心，木材如何变成高高翘起的屋檐……今天人类的知识更渊博了，对生活中万物的来历却更无知了。当专业和技能越发细分，人类方方面面的需求逐渐被科技和各种商业体系架空，我们的未来是否会以人工智能和大数据的逻辑来生成？

如此，推广传统手工艺文化的意义就更为深远了。我在编写这套书的时候，也自觉不要陷入怀旧主义，而是带入自己从学习、内化再到行动的经验，强调用双手造物的进程是如何塑造人、塑造人类文化的。

一门手艺，往往要从认识原材料开始。它产于何地？为何某地出产的原料会优于其他地方？然后是设定目标。要做成什么东西？要有什么形状？要不要有装饰图案？要有什么样的功能？在以往的文化体系中，有哪些可以算作"好"的标准？接下来是动手，采用一定的工艺去实现它。无论是捶打、编织还是雕刻，手上的技术都需要日积月累的训练，才能依据材质的属性，选择相宜的力度、角度去操作，做到手眼协调，大脑身心能和谐有机地配合自如。如果要使用工具，还要知道怎么设计和使用工具，要有借力的智慧，有解决问题的耐心，以及每一步都不能偷工减料和投机取巧的诚实，因为结果没有侥幸。另外就是心无旁骛的专注力和不屈不挠的持续力，追求精益求精，必须要有一定的意志力。如果需要其他人配合，还得有沟通能力和团队协作能力……马克思说，劳动是人的本质的对象化，一个人想成为一个什么样的人，几乎都可以在他的劳作中呈现出来。

手工劳动是一个塑造人格品质的漫长过程，而且最终将沉淀在对世间万物的感知里。

手艺的背后是人类生存的方法与技能，在方法与技能的背后是人对自然的了解，对人类需求的关怀与满足，是人类继承过去、创造现在和未来的万丈雄心。人的自我是在支配力的一次次有效释放及其反馈中建立的。人在利用自然、手工造物的过程中，不仅实现了人类的生存和发展，也逐步积累了经验和知识，确定了秩序、规则和方法，获得了判断力、尊严和自信。

最后，还要谈到爱。爱与深刻的理解有关系，爱的能力也跟见识、眼光有关系……对一件事了解得越深，爱的程度也越深，对自己和他人，对人生和世界的态度，也都根深于此。

浅 草

2024 年 12 月于南开大学北村

目录

001　指尖上的苏醒
- 我们的衣服从哪里来
- 衣服的一丝一线，离不开动物、植物的贡献

015　指尖上的利器
- 编织衣料的织机「电脑」
- 漂亮的衣服需要五颜六色
- 裁缝，一针一线缝出美丽生活
- 剪刀，刚柔并济的好帮手
- 针，从骨到铁的进阶
- 针、剪刀与裁缝

031　指尖上的柔软
- 衣服与植物的美好情缘
- 葛，见到葛藤就开心的诗经时代
- 麻，平民百姓的布衣情结
- 棉，后起之秀，独占鳌头

043　指尖上的温暖
- 衣服的动物情结：毛和丝
- 毛，动物奉献的柔软与温暖
- 蚕丝，和桑叶结缘的中国宝贝

| 057 | 071 | 083 | 095 |

指尖上的技巧

- 女红，绣出一片多彩生活
- 飞针走线，千变万化的刺绣针法
- 画衣绣裳，爱美之心从古有之
- 以针线为笔墨在布上画画

指尖上的美丽

- 把「花朵」搬到衣服上
- 从涂画到印染
- 花衣裳的纹样与色彩

指尖上的色彩

- 神奇的染料提取
- 意外中发现的美丽
- 从植物的五颜六色到衣物的万紫千红

指尖上的舞蹈

- 中国古代的「高科技」——织花
- 把线编织成布
- 线是怎么来的
- 由线到布的变身

007

目录

107　　　121　　　135

指尖上的智慧
- 小众而专业的硝皮匠
- 指尖智慧，从生活中来
- 裘与革的鞣与柔

指尖上的花样年华
- 原始时期的抽象几何纹
- 图腾里的武力与神力
- 活跃的时代与灵动的纹样
- 繁花里的开放与富足
- 每个图案都在讲述一个愿望
- 不同年代的纹样图案

指尖上的体面
- 最早的服装设计师是谁
- T字形平面裁剪的含蓄和飘逸
- 独特的裤子与内衣发展史
- 服装设计从无到有

147　　　161　　　173

指尖上的异彩

- 令人目眩神迷的点翠与烧蓝
- 金碧辉煌下的细细密密
- 水滴石穿的玉簪琢磨
- 节日里的美丽从发饰开始

指尖上的连结

- 样式繁多的盘扣
- 一字扣与纽扣的起源
- 结带的美好愿望
- 左右衣襟缔结美好盟约

指尖上的行走

- 每个女孩心中都有一双绣花鞋
- 木屐,魏晋的潮流物
- 博取众长,才能日益精彩
- 谁都想穿一双舒适的鞋
- 足底生花走过千年

009

衣

年

指尖上的苏醒

我们的衣服从哪里来

家中衣柜里的衣服大大小小各式各样，冬天的棉服、夏天的T恤，品类繁多，让人眼花缭乱。

可你知道吗，长沙马王堆出土过一件襌（dān）衣，是两千多年前西汉时期的文物，论工艺复杂程度可能是家里那一大衣柜的衣服都比不上的。

这件衣服长128厘米，通袖长190厘米，由上衣和下裳组成一套，总共才重49克。我们现在夏天穿的纯棉T恤衫，却大概有200克重。众多的专家，前后研究了十三年，才成功地复制出文物的复制品，但是，比这件文物还是重了0.5克。在两千多年前竟然能做出如此巧夺天工的衣服，可见当时的技术有多厉害。

要制作这样薄如蝉翼的衣服，至少要经过养蚕、缫丝、织造、裁剪、缝制等环节，中间数不清的细节需要掌握好。比如，从养蚕的时候就要开始注意，必须要控制蚕的重量，如果蚕吃得太胖，会造成吐出的蚕丝太粗，就会让做出来的衣服重一些。

衣服的一丝一线，离不开动物、植物的贡献

很难想象这样复杂的制衣技术，是从穿树叶披兽皮的祖先那里一步步发展起来的。然而奇迹就是这样发生了。

衣裳年华

我们的祖先从大自然里采集野生的葛藤、大麻、苎麻等野生植物，经过敲打、剥皮、劈撮、绩等技术，得到可以编织的原料。绩的技术是根据撮绳的经验得来的，先将植物茎皮劈成极细长的条状，然后逐根连接起来撮成更粗一点儿的线。这在当时是有难度技巧的手艺，也是家家户户为了吃穿必须做的工作，所以后来人们把工作的成就叫作"成绩"。

在传说中三皇五帝的黄帝时期，黄帝的妃子嫘（léi）祖看到野蚕吐丝现象，于是创造出种桑养蚕，抽丝织绢的技法，蚕丝编织出来的绢布比葛和麻等植物纤维做的更顺滑舒适，于是嫘祖被封为蚕神。虽然这是个传说，但中国人确实从那个时代开始驯养野蚕，也开始种植蚕的

桑蚕丝

003

食物——桑树，开启了漫长又灿烂的丝绸文明。

而在遥远的西部，游牧民族的远古先人很早就掌握了把羊毛捻搓成绳的技术，可以做一些简单粗糙的毛纺织品。

衣服材料里的另一位大咖——棉花，则是在南北朝时期从印度和阿拉伯传入中国的，最初多在边疆种植。

"棉"字是从《宋书》才开始出现的，宋代以前，中国只有绞丝旁的"绵"字，没有木字旁的"棉"字。元代初年，官方设立了木棉提举司，大规模地向人民征收棉布实物，每年大概十万

纺棉纱

匹,后来又把棉布作为夏税(布、绢、丝、绵)之首,可见棉布已成为主要纺织材料之一。现在,我国棉花产量居世界第一,也是世界上棉花主要出口国。

襌衣

至此,衣服材料大家庭中的葛、麻、蚕丝、羊毛和棉花都已经齐备了。朴素而辛苦劳作的古老先民们,随即对丝、麻、棉等衣物制品进行了大胆的发明与探索,而且极具天赋,生产了许多对同时代的西方人来说简直像魔法的衣料,尤其是丝绸,在很长一段时期内,对欧洲人来说都是谜一样的存在。最早接触到丝绸的西方人,误认为丝是由一种不吃不喝的虫子产出来的。古希腊人甚至因为丝绸而给我国起了一个极具特色的名字——"赛里斯",意为丝国、丝国人。

编织衣料的织机"电脑"

会织布之前,人们已经会结渔网打鱼,会编筐子篮子装东西。出土的原始陶器中,很多底部都画有编织的绳纹和网纹图案。到了新石器时代晚期,制作服饰时也开始运用编结技术。

古代饰品

骨针

用树叶和兽皮做衣服需要用锥子钻孔，再穿入细绳，其实这就是最基础的针线缝合技术。山顶洞人的遗物中有几万年前的骨针，它被用在经纬线交织的最基本编织术中，纬线穿过针孔，由骨针拖引着一次性穿过多根经线。

原始编织技术大致分为两种。一种是平铺式编织，类似编草席和竹篮。先把竖直的经线绳水平铺开，一头固定，使用骨针拖引纬线在经线中　根根地水平穿织，由上到下。另一种则是吊挂式编织，把准备好的经线垂吊在可以转动的圆木上，下端系上石制或陶制的重锤，使纱线受力绷紧。编织时，甩动相邻或有固定间隔的重锤，使经线相互纠缠形成绞结，最终连成一片。使用这种方法，可以编织出许多不同纹路的带状织物。只是速度太慢，而且密度不够均匀。

随着麻线丝线等原料越来越细越软，普通的编织方法越来越不适用，于是发

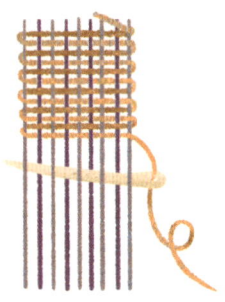

平铺式编织

衣裳年华

明了"手经指挂"的原始织布方法。把经线的两头各结在两根木棍上,一根木棍系在腰上,一根手拿着,绷紧后也可像编席一样进行织造。大约六千多年前,这种编织法逐渐演化出一种简单的原始织机——腰机。

吊挂式编织

在一些商代墓葬出土的青铜器表面,经常黏附有丝绸残片或渗透的布纹痕迹,可以推断,当时不仅能织造各种平纹组织的绢帛,还有采用比较高级的提花技术织成菱形花纹的暗花绸和色彩绚丽的刺绣。而这些暗花绸,必须要有提花装置的织机才能完成。

到了秦汉时期,人们认为"天下以农桑为本",把桑麻生产摆到了与粮食生产同等重要的地位,不仅大部分农村人家的庭院周边有桑树环绕,更有千亩桑麻式的大规模种植。

这时,制作丝绸的缫丝工具和织机也有很大进步。在官方的织布机构里,不惜人力财力,大量织造锦绣绮罗等精美的丝织品。东汉王逸在《机妇赋》中生动描绘了有花楼的提花机生产时的情景,"纤纤静女,经之络之""动摇多容,俯仰生姿"。提花的工人坐在三尺高的花楼上,口里唱着程序口诀,按预定的花纹图样控

指尖上的中国

花楼式织布机

制复杂的经线运动,与坐在织布机前的织工配合织造,上拉一束,下投一梭,有条不紊。这种花楼式束经提花丝织机已经是很复杂的联合装置,精密程度不亚于现在的机器,能够织造出各种花色的布匹。

到了清代,织机工具更加完善,有各种对现代人来说很陌生的零部件,比如纤筒、竹刀、机剪、拣、镊子等,另外还有泛、渠、纤等专用机具。如金陵(现南京)的缎机有132个部件,能牵引的经线达9000根至17000根。此时的技术也更加高超,有的用十几把大梭同时织,有的用一把大梭织底纹,十几把小梭织花纹,十几种颜色的线可以同时参与

梭子

织花,复杂程度堪比一台电脑提花机。

漂亮的衣服需要五颜六色

东汉许慎在《说文解字》中描述他那个时代的丝织品:绿,帛为青黄色;缥,帛为青白色;缇,帛为丹黄色;绀,帛为深青扬赤色;缙,帛为赤色;绌为绛色;绛为大赤色……看得现代人晕头晕脑。古人很早就擅长染色,而且为各种颜色取各种好听的名字。

西周时期,丝织、麻布、葛布大发展,染色也已成为专门的行业。官方的作坊里有专门掌握染草的染人,在秦代设有染色司,唐宋设有染院,明清设有蓝靛(diàn)所等管理机构。

当时染色分石染和草木染两种。石染是指用朱砂、赭(zhě)石、石黄、

染坊

空（石）青、蜃灰粉末等矿物颜料，进行涂染和浸染。草木染是指用植物染料染色，比如用蓝草染蓝，紫草染紫，茜草染红，栀子染黄，皂斗染黑等。

在民间，人们发现靛蓝色的染色效果是最好的。用蓼（liǎo）蓝草作原料制造出蓝色的染液，又简单又便宜，所以中国老百姓最常见的衣服颜色就是蓝色。而对于官员，似乎更中意黄色。慢慢地，黄色变成了皇家的专用色。在贵族中，紫色则又显得更为高贵一些。

丝、麻、葛这些原料在染色前要精练，一是可以漂白，二是可以进一步除去纤维表面的胶质。练丝时，每天晚上要将丝在有一定温度的草木灰水中浸泡，清洗干净后在太阳光下暴晒，变白一层后，晚上又浸在水中，白天再晒。这样反反复复很多次，材料表面的胶质就去干净了，染色的效果也会变好。

中国古法染布主要有三缬（xié），即绞缬、蜡缬、夹缬。

绞缬也叫扎染，最早出现于白族，东晋时期就有了。

绞缬

衣裳年华

扎染的第一步就是要扎布。扎布的方式多种多样，有撮扎法、叠扎法、夹扎法、包物扎法和缝扎法……总之就是想办法做好染色和留白的设计，让需要留白的地方不要沾染到染料，需要浅一点儿颜色的地方少染染料，深色一点儿的地方多浸透染料。在染料液中浸泡的时间长短也可以影响颜色深浅。

蜡缬

蜡缬也叫蜡染，源自苗族。将蜡用一种特制的笔滴在需要染色的布上，用蜡画出想要的图案，然后进行染色。染色常用的是靛蓝色染液。一般第一次浸泡需要五六天，取出晒干，颜色为淡蓝色。如果要加深颜色，就再次放入染缸浸泡，每一次浸泡后，布的颜色都会加深。得到想要颜色之后，将布放在沸水中煮就可以去掉之前涂上的蜡，而在蓝色的布料上就得到了各种白色的花纹。

夹缬没有前面两种染法运用广泛。在夹染时，首先将布固定在两块镂空板之间，然后在镂空板上洒上染液，分开镂空板后，

011

夹缬

镂空部分的花纹就被染液印到了布上。夹缬在技术上比较复杂,因此在经历了唐代短暂的繁荣后,这项工艺就逐渐消失了,直到人们在浙江苍南再次发现这种被称为活化石的染布方式。

衣食住行这些基本生活内容,衣排在首位。而男耕女织更是中国社会最基础的分工。在漫长的历史中,人类指尖上的智慧和操劳沉淀在麻、丝、棉、毛等天然材料的运用中,展现在各式各样的织布方式以及染色技术中。人们服饰上的一丝一缕,都闪现着灿烂的中华文明之光。

衣裳年华

指尖工坊

1. 翻字典，从竹字头"⺮"可以看到和竹材质、竹工艺有关的内容；从金字旁"钅"可以找到和金属有关的字词；织布制衣的很多文化，则可以从有绞丝旁"纟"的相关字词中去了解。

2. 关于紫色衣服的故事

齐桓公喜欢穿紫色的衣服，结果国中之人纷纷跟着效仿，这说明当时紫色衣服还不是君王的专利。不过紫衣是素色衣服价格的五倍，普通人根本穿不起。在丞相管仲的建议下，齐桓公不再穿紫衣，效仿之风遂绝。但是从此以后，紫色衣服成为富贵、地位的象征。

衣

年

指尖上的利器

针、剪刀与裁缝

自然界中，老虎狮子有皮毛，鸟儿有羽毛，鱼儿有鳞片……而人类随着直立行走进化过程，原来浓密的体毛却逐渐退化，变得赤身裸体，失去了带有防御与保暖功能的"外衣"……但这个巨大的缺失，反而激发了人类为自己做衣护体的动力和能力。而今天，没有动物能像人类那样可以有衣柜，可以天天换着花样穿衣。

最早的衣服是什么样的，大家不难想象。靠打猎为生的祖先

石刀

们猎到了老虎、狮子、狼或者鹿等动物，用他们制造的石斧、石铲、石刀等石器工具剥下猎物的外皮套在自己身上。这是一种出于本能的利用，这就是传说中的茹毛饮血而衣皮苇的阶段。皮毛、芦苇、茅草和树叶，能围在身上就好。

人的体型跟动物毕竟不一样，所以兽皮需要加工，否则就是又丑又硬的一大块。兽皮加工最基础的就是软化，然后是裁剪和缝补。在这个阶段，人类服饰史上最重要的一个工具——骨针诞生了。

针，从骨到铁的进阶

在我国，已经发现的最早的骨针距今已有三万多年，它是北

京周口店的山顶洞人留下的,有8.2厘米长,现在还看得出刮和削的痕迹。针尖是细的,尾部挖有小孔,在几乎只有石块和木棒做工具的情况下,这显示了很高的技艺。我们可以想象,原始人类如何在选出的骨片上以锯切开槽的方法截取出一条条窄长的骨料(大鱼的鱼刺也是极好的选择),然后用刮和磨的方法将长条形骨料加工成圆柱状针体,最后将一头磨得细尖,另一头磨得又扁又薄,再用两面对钻的方法制成针孔。也有的针孔是采用刮挖方法制成的,但这种方法比对钻费时费力。

有了骨针,可以用鹿筋作线,穿过针孔,然后针引着线穿过兽皮,就能把几块兽皮连接起来,成为适合人类体型的皮衣。穿上这样的皮衣,人类无论是御寒的能力,还是在山林原野中行动时保护自己的能力,都大大增强了。会做衣服、穿衣服也是人类进化的一大步。

随后,各种织布工艺发展起来,原始骨针的尺寸太大,而且硬度也不够,只适合缝制比

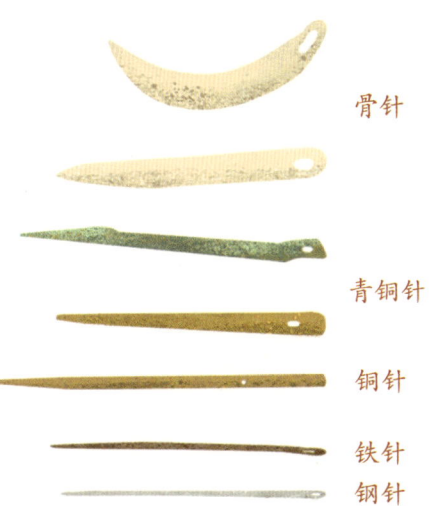

骨针

青铜针

铜针

铁针

钢针

较柔软的动物毛皮。人们需要更细更硬的针，于是金属针出现了并逐渐取代了骨针。

商代青铜器制造技术非常发达，但只适合做鼎这样的大件，做针这样小的器具，则不是很容易。虽然铜材料可以做针，但总是多多少少令人有些不够满意，直到铁的冶炼技术出现，到了汉代，用起来满意度更高的铁针才开始普及。

"只要功夫深，铁杵磨成针"，这句不知道流传了多久的俗语，说明铁可以做针。但未必需要从粗粗的铁杵磨起，古人摸索出来的制针方法是功夫、智慧和技巧的结合。

明代宋应星编写的关于工艺技术的《天工开物》中，详细记载了古人常用的制针方法：首先将铁块锤成小细长条，接着火烤加热让铁条变软，这样就能放在钻有小孔的铁尺中用力拉过，细铁条就变成粗细一致的铁线。将铁线按针的长度剪断，一端用锉子磨尖，一端锤扁给钻针孔留出位置，钻完针孔后一枚针就算初步完成了。但是随后的步骤，作为现代人的我们也许会觉得匪夷所思。

接下来，这些针被倒进锅里，用小火慢炒，就像精心准备一道菜一样，还要再加上豆豉、松木灰、土末等"调料"。看上去是很土的方子，其中却暗藏着科学的原理。松木灰里的碳在加热

衣裳年华

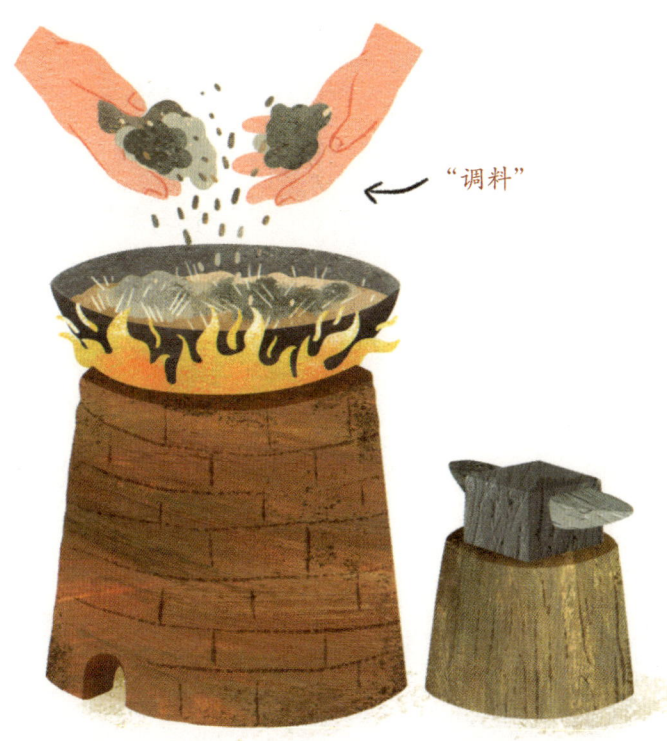

"调料"

炒制过程中跟铁针中的铁反应,可让针的硬度更高。铁制品中的碳似于人体骨骼中的钙,钙越多,骨骼越强壮,渗碳就是增加铁制品中的碳含量,提高铁的硬度。古人将初步成型的针和那些"调料"一起放在锅里加热,松木灰让针充分地与碳结合,豆豉可增加针的亮度,土末呢,是作为分散剂让每根针都能受热均匀。

炒完之后还要蒸,蒸的时候,将两三根针头留在外面,等到这几根露出的针头能够用手捻碎时,就可以起锅了。接着是最后一道关键工序——淬火，就是将针通过水迅速冷却，从而让针表面坚硬，锋利耐磨，内部又保持韧性，不容易脆断。这样制作出来的针，无论是毛皮还是棉布麻布，甚至是厚厚的千层鞋底，都能轻易穿透，是裁缝们手中的厉害武器。

铁针细小而锋利，缝衣服时靠拇指和食指捏紧，用力让针尖穿过一层或多层布，针孔引着线跟着穿过去，这就算完成了一针。一件衣服不知道要缝多少针，不仅需要力气和耐心，还要时时刻刻提防手指被针扎伤的危险。因为小小的针经常会扎破皮肤，两根长期用力捏针的手指也会磨出茧子甚至变形，所以到后来，针有了一个配套出现的"伴侣"，叫顶针。

顶针

顶针一般也是铁制或铜制，富贵之家也有用金或银来做的。顶针的样子像一个宽面指环，上面布满小坑，使用时套在中指上用来顶压针尾，让针更容易穿透布料，同时也能减少手指被戳伤的风险。

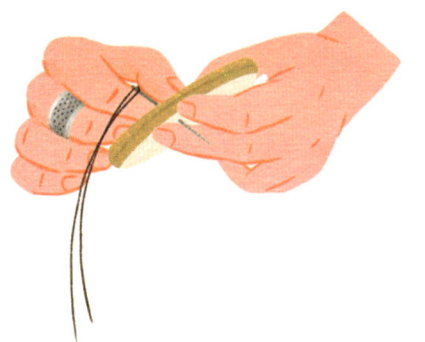

剪刀,刚柔并济的好帮手

制衣的两个基本动作,一是缝纫,用的是针线;还有一个就是裁剪,把整块布料裁分成合适的形状,需要的工具是剪刀。

原始的裁剪工具是靠边缘锋利的石块或者贝壳。剪,古时异体字写作"翦",是个动词,表示割断。它变成一个工具的名称,应该是铁器出现以后的事。

考古学家在先秦以前的墓葬中没有发现剪刀。春秋战国时期一些贵族女性墓中随葬的漆器梳妆盒里,往往都有一把削刀,应该是用于修剪头发和裁割布匹的。而男性墓中出土的削刀,则更多是用于刮削竹简木简书籍上的错字。用削刀刮削竹木片上的墨迹和错字很好用,但用来裁布却不是很方便。

随后,汉代陵墓中就发现大量的剪刀墓葬品,说明那会儿剪刀已经是主人活着时候的重要生活物资。

从考古出土文物可以看出,早期剪刀的形式是短手柄长刀刃,制作也简单,是把一根铁

削刀

剪刀

条两端锻打成相对的薄片,再将铁条中间弯成"8"字形状,利用弯曲的弹力让刀刃开合。这种形状的剪刀被称为交股式,平时是自然张开的,使用时把相对的刀刃一按,就能剪断放在中间的东西,一松手,剪刀因为弯曲铁条的弹性又恢复为原状,就像现在的镊子一样。

据说,这种剪刀的发明跟筷子十分相似。筷子的出现是因为煮熟的食物烫手,人们就用树枝、竹枝做成小棍来捞取食物,但一根筷子的功能有限,人们慢慢发现用两根筷子夹取更轻松自如。同样地,一把削刀切布不如用两把削刀"夹"布,于是把两个刀尾连接起来的想法诞生了。

剪刀更理想的造型应该是今天我们常见的支轴式,将两片刀刃交叉,交叉点用铆钉固定,铆钉又起到轴的作用。一只手握住两个手柄就能让两个刀片以铆钉为轴开合,这是利用了杠杆原理,使用起来既方便又省劲儿。这个原理其实在汉代厨房里的火钳上

已经运用,但不知道为什么,几百年来人们都没有想到用在剪刀上。这说明工艺和工具的进步,在历史发展的长河中是有偶然性的。

理想的"X"形式确定后,制作剪刀的工艺一直在刀刃上下功夫。跟针和其他铁器一样,锻造冶炼和淬火技术是制作好剪刀的秘诀。而拥有这些秘诀的专业制作剪刀的工匠家族和作坊都会远近闻名。无论是普通的家庭主妇还是专业的裁缝,都离不开一把好用的剪刀。在唐代,山西并州(现太原)曾出产全国知名的明星剪刀,不仅主妇和裁缝追捧,连诗人都向往,杜甫曾写过:"焉得并州快剪刀,剪取吴淞半江水。"

最好的剪刀,刀刃口内侧是韭菜叶厚的钢,其余部分是熟铁,钢坚硬锋利,铁有韧性,更容易造型和制作,刚柔并济才是好剪刀的性格。

裁缝,一针一线缝出美丽生活

有了针线和剪刀,要把一块布变成衣服,就差一位裁缝了。

在古汉语里,虽然裁缝这两个字是连在一起的,但实际上裁和缝是两个意思,裁是裁剪,缝是缝缀,是做衣服的两项基本工

指尖上的中国

艺，掌握这个技术又以此为生的人也叫裁缝。

古代，在一般人家，做衣裳的工作都是由家里的女性来完成。母亲、妻子、女儿、姐妹……无论什么角色，会做衣服是一个基本技能。只是手艺有高低的区别，这也成了考察一个女性是否优秀的标准。所以富贵人家的太太小姐，甚至皇宫里的皇后嫔妃，也要时不时露一手，证明自己是贤惠可敬的女子。

女子做针线活儿

古代只有布庄和裁缝铺，没有服装店，人人都得量体裁衣，全民"定制"。"慈母手中线，游子身上衣。临行密密缝，意恐迟迟归。""念着破春衫，当时送别，灯下裁缝。"这些著名的诗句表明了衣裳和家人亲情的密切联系。离开家的时候必须要带足衣裳，它们是母亲、妻子一针一线缝出来的，除了油灯下辛勤的劳动，还有浓浓的情感。

中国古代穿衣和住房一样，不同等级的人穿衣标准不同，同

衣裳年华

一个人在不同的时间和场合穿衣的类型也不同。不是每个家庭都有足够的能力来自给自足,所以无论官方还是民间,都需要专职和专业的人员来做衣服。

每个朝代都有自己的官员制服制度,一般在开国时就由朝廷定下来了,由专门的部门来管理。秦朝时管宫中衣服的官儿叫尚衣,级别还不低。后来各朝代名称略有变化,但主要工作内容都没变,隋朝叫尚衣局,明朝叫尚衣监,清朝不叫这个了,但设置有织造,干的还是同一件事,裁缝兼皇家私人衣柜管理员。

裁缝师傅

民间也很需要裁缝。跟我们想象中不太一样的是，街面上裁缝铺里的裁缝大部分是男性而非女性。因为古代男尊女卑，女性是不被鼓励抛头露面和陌生人接触的，所以即便有女裁缝，一般也是专门为官府或富贵之家服务的。男性则自由得多，有了技术，只要有剪刀、针线和尺子，不仅可以开店铺，还能走家串户当上门工。

裁缝装备简单，但要学好也不容易。一个新手在师傅那里当学徒一般至少三年，师傅不够大方的话，三年出师后还不一定能够动剪刀裁料，只能缝缝补补。如果师傅大方且严格，那就要吃很多苦了，其间要像学习武术一样去苦练各种缝制基本功，比如在烧烫的火盆中快速探手捞针、生牛皮上缝针、拔针等，用来练习快、狠、准的手法和韧劲。另外，各类服装的剪裁理论和技法诀窍早早被前辈们总结好，要一项项学到手，如三功（刀功、针功、烫功）、六法（推、门、归、烫、摆、缝）、十二秘诀等。当学徒的时候，师傅家和店铺里各种家务琐事都得帮忙，等经过严格的考核出师后，一个生嫩的学徒也差不多成为技术全面的能手了。

衣裳年华

　　一个职业的裁缝师傅，可以当上门工也可以自己开设店铺。上门工是住在雇主家里，完成特定的制衣任务后就离开，是一份流动性的工作。开店铺是等着客人来下单定制。没有足够资历租房开店的，也可以在街头巷尾摆上两条凳子，架上一块大门板，撑起遮阳棚，也就算是营业台面。比起经常要风吹日晒的其他行业，裁缝算是不错的工作。毕竟需要的工具和设备不多，古代制衣靠的是裁缝师傅的各种手艺，高级的裁缝，可以一手落，也就是一个人干完所有的活儿。

　　一般的缝纫制作程序是先测量顾客的身材尺寸，接着用划粉、灰线包和裁尺在布料上按量得的尺寸画出线条和记号，然后顺着所画的线条剪裁出衣服的各个部分——衣领、托肩、前页、

裁缝铺

后页、袖筒、口袋等，再用针线将各部件缝纫拼合起来，最后要熨烫一下，就可以叫客人来试穿了。如果客人几年后身材发生变化，许多裁缝还负责修改和缝补旧衣服。一件衣服来之不易，普通人家总是新三年、旧三年，缝缝补补又三年。

  官宦富贵人家遇到重要事件往往都要缝制一批特定的衣裳，比如生日做寿、结婚生子、新居搬迁、职位升迁等，全家人的穿戴以及床上用品、帷帘装饰都要焕然一新。没有机器批量生产，全靠裁缝师傅一针一线的情况下，工期需要几个月甚至一两年都是正常的，有时候还需要请好几路裁缝师傅一起赶制。师傅们带着帮手和学徒，忙忙碌碌，帮助主人家完成需要的锦绣繁华和体面。

古代的尺子

要了解古代裁缝的尺子，得从了解度量衡开始。度量衡是计量物体长短、容积、轻重的工具的统称。古人以手指为寸、手掌为尺、手肘为丈，自然是各有各的量法，族群和地区差异巨大。比如商朝的一丈有158厘米，而战国时是231厘米。直到秦始皇统一六国，才使度量衡第一次在我国最大范围内实现了统一，但也不是像今天这样几乎在全球范围内做到精确的统一。每个时期和朝代出土的尺子都略有不同，只能在相对的时期和一定的地域形成统一。

古代裁缝一般要用两个量尺，一把裁尺，竹制或木制，也叫轩辕尺；一条布尺，早期为5尺长，现代为4.5尺，也叫软尺或皮尺。布尺是比较晚才出现的。对于每个裁缝来说，用绳子记录老顾客的尺寸也是可以的。

现在我们所说的一尺大概是33.33厘米，一寸是3.33厘米。

衣

年

指尖上的柔软

衣服与植物的美好情缘

衣服由各种布料制成，布又是由各种纤维纺织而成。虽然我们都知道古代没有化学原材料，人们的吃穿住行都只能从动植物身上打主意。但你能想到，今天细密柔软的衣服和山间野外的葛藤、麻草有着密切的联系吗。

我们的祖先长期用双手和智慧探索着大自然，什么可吃、什么可用，慢慢积累了大量经验，对各种可用于编织的野生纤维也进行了鉴别取舍。葛、麻等植物韧皮纤维、棉和蚕丝、羊毛等动物纤维，以它们优良的纺织特性得到了先人们的青睐，成为古代主要纺织原料。

葛，见到葛藤就开心的诗经时代

葛是野生植物，在南方的山区很常见。葛有很长的藤蔓，有的爬满半山腰，有的悬于崖壁之上。它会结很大的根茎，像红薯土豆一样含有大量淀粉。人类最早是挖葛的根茎来吃，现代生活

衣裳年华

中依然会常见到它——葛根粉。

上万年前人们穿什么实际上是很难考证的，但用葛做衣服这件事被大量记录在我国最早的诗歌典籍《诗经》中，用葛做标题的有《采葛》《葛屦（jù）》和《葛覃（tán）》三首，提及葛藤竟有四百多处，说明采集葛和做葛衣葛鞋是很重要的日常生活。

葛藤

"葛之覃兮，施于中谷，维叶莫莫。是刈（yì）是濩（huò），为絺（chī）为绤（xì），服之无斁（yì）。"大概意思是葛藤粗壮藤蔓长，山间谷地处处长，藤叶碧绿又茂盛，赶紧收割回来忙沤上，粗细葛布织得好，穿在身上好舒畅。

看到大量生长茂盛的葛藤，人们流露出难以掩饰的欣喜快乐。这句诗里也解释了葛的基本加工方法。"濩"，煮之也，即将野生葛藤割下，用水煮烂，褪去表皮，然后在流水中捶洗干净，就得到了白而长的纤维，可以撕扯成一缕一缕，用手搓捻成线，再横一条竖一条地编结起来，便是原始的葛布了，可披在身上

或是作铺盖。因为葛纤维吸湿散热性能好,古人就选择"冬裘夏葛",冬天穿毛皮,夏天穿葛衣。

麻,平民百姓的布衣情结

时代在发展,衣服的材料也在不断开发和进步。春秋时期,生长周期比葛藤更短也更容易种植的麻类已经成为织布材料的另一大来源。到隋唐时期,葛藤基本就被替代掉了。

中国古代所说的麻类植物,主要是大麻和苎(zhù)麻,苘(qǐng)麻、黄麻和亚麻居次要地位,还有一种芭蕉因为能做布,也被称为蕉麻。虽然麻布取得主流地位的时间比葛布晚,但考古学证明,麻开始被人类看上和采集使用的时间跟葛差不多。新石器时代的遗址中,有各种纺织麻布的工具,一些原始陶器上的花纹,也被证明是麻布的印痕。

衣裳年华

大麻，是非常古老的植物，至今还被一些国家称为"汉麻"或"中国麻"，而苎麻则被称为"中国草"或"南京麻"。注意，现在人们常提及的毒品大麻一般是提取于印度大麻。

中国麻细长高挑，能长1～3米，每一株都跟人一样有自己的性别，雄株麻秆细长，皮有韧性，纤维产量多质量好，生长周期也短，有专门的名字叫枲（xǐ）。雌株麻秆粗壮一些，纤维产量低一些，成熟稍晚一点儿，但它结更多籽，是古人重要的粮食，也有专门的名字叫苴（jū）。一般用枲麻织较细的布，用苴麻织较粗的布。麻跟葛一样，在古代既是纤维来源，又是粮食来源，是个大大的宝贝。

中国古代在这几类麻的种植技术方面，都有丰富经验。《管子·地员》中提出"赤垆（lú）"和"五沃之土"适宜种麻，说明至少在战国时期人们已知道什么样的土适合种植大麻。东汉

中国麻

《四民月令》提到"二三月可种苴麻""夏至先后各五日,可种牡麻（即雄麻）"。北魏时《齐民要术》明确指出苴麻宜早播,但牡麻不宜早播,二者收获都在"穗勃、勃如灰"——也就是开花盛期,花粉像灰末飘散的时候。

麻的种类虽多,但其初加工技术原理和目标却基本一致——得到纯纤维。要得到比较纯的可以用于纺织的纤维,就要用各种方法去除麻纤维中的胶质。

沤麻

麻纤维的脱胶方法主要是沤渍（òu zì），就是长时间的用水浸泡。《诗经》中有"东门之池，可以沤麻，可以沤苎，可以沤菅（jiān）"，很明确地提到这个方法。《氾（fàn）胜之书》还记载了脱胶的最佳时间："夏至后二十日沤枲，枲和如丝"。沤渍之法其实是一种利用微生物分解的方法，温暖的气候能使微生物迅速繁殖而加快脱胶。《齐民要术》中更对沤麻用水及程度做了描述："沤欲清水，浊水则麻黑，水少则麻脆，生熟且宜，生则难剥，太烂则不任。"这样就能控制麻纤维的质量。冬天天气太冷怎么办呢？可用温泉之水，而且这样得出的麻最为柔韧。也有像处理葛皮那样用煮的法子，这时微生物帮不上什么忙，要加入适量碱性物质才能帮助尽快煮烂，然后清理掉非纤维物质。

在棉花出现之前，上古称为"布"的，主要就是指麻类，平民百姓常用布料，因此经常自称"一介布衣"。

棉，后起之秀，独占鳌头

我们现在所熟悉的棉花的原产地是印度和阿拉伯。海南岛、云南和新疆地区是我国最早有种植棉花记载的地区。而那时，在广大的中原地区，棉花这个物种只是略有传闻，人们关于棉花的知识是匮乏的。宋朝后，无论从西域还是从西南部海上，开始有棉花源源不断传入中原。棉布的柔软舒适性让穿葛和麻布的中国人很快爱上了它，越来越多的地区开始种植棉花。到了明朝，皇帝朱元璋甚至用行政命令在全国推广种棉花。

从地里的棉花到一匹匹光洁细密的棉布，要经过初加工、纺纱、织造等工序。宋之前，中国的葛、麻还有蚕丝的制造技术已经很优秀了，可以直接借鉴，为什么棉花却始终只能在边疆小范围存在呢——这是因为棉花加工首先要去籽，然后弹松，棉的纤维也比丝麻纤维要短一些，对纺纱的技术也有独特的要求，技术难题解决不了，农民自然也没有种植的动力。

棉花

直到宋末元初，去籽、弹棉、纺纱技术发展起来了，棉的种植才有了突飞猛进的发展。从此，棉花种植在我国农业生产中一直占据重要地位，我国一度成为世界上最大的种棉国家，棉布也逐渐成为人们日常主要的衣着材料。"比之桑蚕，无采养之劳，有必收之功，埒（liè）之枲麻，免绩缉之工，得御寒之益，可谓

衣裳年华

去棉籽

初代轧棉机

"**不麻而布，不茧而絮**"，王祯《农书》中大赞棉的优良特性，种植采集过程中各种方便省事，生产出来的棉布舒适又好用。

棉采集下来后，晒干，做简单的清理，第一道工序是要去除混在棉花中的籽，叫赶棉或轧棉。最初是单纯用两只手剥离，不仅辛苦而且效率低下，导致人们根本不愿种棉花；后来借用简单的工具，用两头细中间粗的铁棍，把棉花放在托板上，像擀面饼一样碾压摩擦，让棉籽和纤维之间产生相对运动，同时棉籽不断翻滚，使棉籽上长度在16毫米以上的可纺纤维都被轧下。虽然效率也不高，但工具和方法简单，贫穷的家庭都可以采用，所以一直到清代，在农村都很常见。

随后，初代轧棉机出现了，是用一对压辊（gǔn）——圆柱形能旋转的东西来代替托板和赶棉铁棍。上辊转速较慢，下辊转速较快，让两辊向相反方向旋转，棉纤维因为摩擦力牵引而和棉

棉条

棉纱

籽分离。压辊的转动,可用手摇,也可用脚踏。开始是要两三个人一起才能保证连续不断的工作,有人转动压辊,有人负责投喂棉花。随着齿轮的应用,轧棉机的两个压辊采用一对齿轮啮合传动,可以一人自摇、自踏、自喂的脚踏轧车就出现了。这类轧棉机在印度和中国一直使用了好几个世纪。

脱掉籽的棉花,还要经过弹棉过程,让棉纤维松散。南宋艾可叔《木棉诗》中写道:"车转轻雷秋纺雪,弓弯半月夜弹云。"描写了弹棉花的场景,晚上,像半月一样的弯弓,在朵朵白云上弹奏。

弹棉工具是一张有一人多高的大木弓,两头绑上牛筋做成的弦。弹棉花的时候,用一个木槌击打弓弦,使弦带动棉花表层震动,弹着弹着棉花就越来越疏松。古代弹棉花还是一个专门的职业,跟很多手艺人一样,弹棉郎背着工具,以到处为人弹棉絮为生。

弹好的棉花卷成棉条就可以纺纱,纺好的纱线经过染色、上浆等程序才可用于织布。

葛、麻、棉的开发与利用，让我们看到了我国古代灿烂服饰文化的基础。它们来自披荆斩棘的辛勤劳动，以超乎想象的智慧与耐心，将藤蔓枝条和植物的果实化为指尖上柔软的纤维。

弹棉花

黄道婆

长江流域的松江府,曾经是全国最大的棉纺织中心,这多亏了一位童养媳出身的女性——黄道婆的重大贡献。黄道婆年幼时为了逃离虐待流浪到海南岛,在那里待了四十年,向当地黎族妇女学习棉纺织技艺,后来回到家乡,根据当地棉纺织生产特点,自己摸索着改进,总结出一套完整的新技术,并积极将这套技术广传于人,使百姓受惠,最终成为宋末元初著名的棉纺织家和技术改革家。她突出的贡献包括:推广和改进弹花去籽、纺纱、织布的生产工具和技术,推广棉花种植,最终极大地推动了松江府一带棉纺织业的发展。

指尖上的温暖

衣服的动物情结：毛和丝

植物纤维之外，古代人也很擅长开发动物身上的资源。从各种哺乳动物的毛皮到小小肉虫一样的蚕，都被人们巧妙地开发成为服装的材料来源。

毛，动物奉献的柔软与温暖

并不是所有动物的毛都适合用来为人类服务，毛太短、太粗、太硬或者不好饲养的动物，最终都会被原始时代就开始的"选毛大赛"淘汰掉。古人为我们精选的毛料来源有羊毛、牦牛毛、骆驼毛、兔毛、羽毛等，应用量最大的是羊毛。

约公元前三千年，陕西半坡人已经开始尝试驯养野生羊，分为绵羊和山羊两大类。作为古人最早狩猎和圈养的动物之一，羊首先是重要的食物来源，羊毛并没有被重视。

人们最初是将落在地上的羊毛收集起来，叫拾毛；或者屠宰食用时，皮毛也不会白白扔掉，要把毛从羊皮上采下来；当有了剪刀后，南北朝时盛行铰（剪）毛。《齐民要术》有关于剪毛时间的总结：绵羊每年可剪三次毛，春天在羊将

衣裳年华

剪羊毛

要换毛的时候剪第一次，五月初夏天气变热，羊将再次脱毛时剪第二次，八月初剪第三次。每次剪完之后把羊放在河水中洗净，这样能使羊下一次长出的毛又白又洁。但八月初这次剪毛后就千万别给羊洗澡了，因为这时"白露已降，寒气侵人"，早晨和晚上的寒气容易把羊冻坏。这样的剪毛原则既考虑到了毛的质量好，又要保护羊不受伤害。在寒冷的漠北地区，每年只能剪两次，即八月那次不能剪，否则羊没有厚厚的毛过冬就麻烦了。在黄河流域，八月这次又必须剪，如果不剪，毛长得粘连起来，这种羊毛就不能织毡子，会造成很大的损失。这些经验都说明古人对羊的生活习性已相当了解，掌握了何时剪毛对羊的生长影响最小的规律。

山羊表层的毛不是理想的毛纤维，太粗。但是在入冬前会在粗毛根部长出一层薄薄的细绒，用来抵御风寒，到了春天自然脱落。这一层绒毛极其珍贵，它轻、软、柔、暖，被称为"纤维宝石"或"纤维皇后"。

为防止山羊绒自然脱落，一般在羊绒顶起时就开始"抓绒"，就是用一种特制的头上带小弯钩的梳子梳羊，本来已经开始脱落的细绒会被带下来，原理类似猫舌头上的倒刺。抓绒时适合先抓脊背部，然后两肋，最后再抓腹、头、腿部。按照这样的程序抓取，有利于羊的情绪稳定，取得的羊绒品质高。

牦牛

除了羊毛，兔毛也是很好的毛纤维。西北地区还有用牦牛毛和骆驼毛的悠久传统。把动物身上柔软细密的毛想办法用到自己身上来，是纺织业的一大内在动力。

衣裳年华

有些毛采集后带有油脂、沙土，也不够疏松柔软，往往因夹杂着各种各样的杂质而绞缠在一起，这时初级加工的一些方法就应运而生了。

洗羊毛

干法去脂

在《齐民要术》《天工开物》等书里记载，把剪下来的羊毛在河中洗净，或者烧热水洗；新疆那边则更有当地特色，用碱水、乳汁、酥油来洗羊毛；在某些干旱的山区，当地人发明了干法去脂，将羊毛放入黄沙里，用手或用工具搓揉，也有很好的效果，这是缺水地带因地制宜的智慧。

毛洗净晒干后，跟棉花一样，还要开松成单根纤维分离的松散状态，并去除剩下的杂质，才好进行下一步的纺纱和织布工序。据说弹棉花的技术最早是从弹毛学的，可能是因为中国人研究毛的历史要远远早于棉花。西北地区至今还保留着一种古老的传统弹毛工艺，即两人用四根皮条手工弹毛，山羊毛和粗羊毛弹着弹着就越来越疏松柔软。

蚕丝，和桑叶结缘的中国宝贝

蚕爱吃桑叶，对桑树来说，它是一种可怕的害虫。可人类发现这种虫子竟然会结茧，在孵出蚕蛾之前，茧里有白丝，柔软有韧性，是极好的服装材料，自然不能放过。于是人们在野蚕中选出不错的品种，进行家养，由此创造了养蚕技术。

蚕神

衣裳年华

　　通过研究历史我们发现，每个重要的事物背后都有一个神奇的发明者，以此彰显它的特别和难得，养蚕就有"嫘（léi）祖始蚕"的传奇故事。嫘祖是传说中北方部落首领黄帝轩辕氏的妻子。是她最早教民众养育蚕和把蚕茧变成蚕丝和丝织品的方法，所以民间把嫘祖看作先蚕神仙来祭祀。也有一些地区的蚕神是马头娘和蚕花娘娘，虽然名字和身份不一样，但都是女性神。"男耕女织"是中国古代社会最基本的性别分工，养蚕纺织业从一开始，就是广大女性撑起来的。

　　据古史传说，中国在黄帝时代已开始养蚕，不仅有原始社会的丝布和蚕茧遗迹，在商代一些占卜的文字记录中也有桑、蚕、丝、帛的象形字和祭祀蚕神的记载，说明养蚕不仅古老而且重要，人们经常要向上天询问相关信息。

　　要想获得优质的蚕丝，首先要把蚕养好。全世界没有哪个国家的人民，能像中国古人这么懂得照料这些会吐丝的昆虫。他们总结出了许多符合科学道理的养蚕方法和经验。

　　这些方法和经验，不是来自某个人，而是一种积累上千年的集体智慧。古代中国是典型的农业大国，五谷、桑麻、

养蚕吐丝成茧

六畜被列为农业的三大生产项目。这就意味着每一个农家，耕种粮食、棉麻桑蚕和养一些牛羊猪鸡鸭之类的牲畜都是最基本的技能。普通农家在家宅周围，无论面积大小，种一些桑树是常见的。再大一些由政府主管的种植上千上万亩桑田来养蚕，是这个国家免于饥寒的根本保障。

种桑只是为蚕保证基本粮食，一只蚕的一生不会超过两个月，需要吃桑叶20～30克，包括"卵、幼虫、蛹、成虫"四个阶段。一颗蚕茧能取到的蚕丝只有0.2～0.45克，但如果测量的话有1000多米长，500克蚕丝就需要1000只以上的蚕来奉献一生。

在整个养蚕过程中，要随时注意温度和通风，喂食桑叶、清除排泄物蚕沙和碎叶。蚕成熟后会停止吃桑叶，就要把它们放在

衣裳年华

竹、木或者草做的"簇"山上，方便它们吐丝作茧，每一个步骤都要小心翼翼。

蚕熟上簇作茧之后，下一步就是缫（sāo）丝。缫是丝织业的专用字，意思是将蚕茧浸在沸水里，清除胶质等杂物，然后用小木棍把散开的丝挑起，然后抽引出来的过程。正常的蚕茧像种子一样是活的，过一段时日就会有蛾破茧而出，并产下大量细细密密的蚕卵。所以如果是要用于生产蚕丝的茧，则要想办法不让它继续发育变蛾，古人一般用烘烤的办法，还能顺便去除适量的水分。

丝由蚕茧中抽出，成为织绸的原料。一颗蚕茧虽然可抽出1000多米长的茧丝，但一根太细了，不适合下一步的纺织，于是就要将若干根茧丝合并成为生丝。原始的缫丝方法，是将蚕茧浸在一盆热水中，用手抽丝，同时找出几个茧的丝头，合成一股拉扯出来，再卷绕于丝筐或者其他简单绕丝工具上。盆、筐都

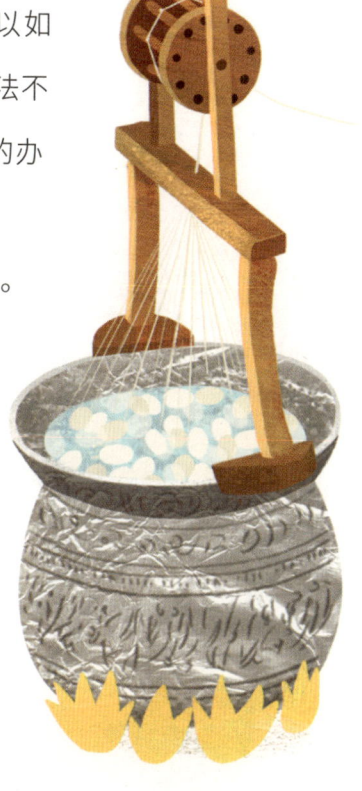

缫丝

是原始的缫丝器具。

用水泡和手搓蚕茧跟让植物原材料脱胶的道理一样，蚕丝的主要成分是丝素和丝胶，丝素是我们的目标，丝胶则是包裹在丝素外表的黏性物质。丝素不溶于水，丝胶易溶于水，而且温度越高，溶解度越大。缫丝即是利用丝素和丝胶的这一差异，经煮茧、索绪（找丝头）、集绪等工序把蚕丝从煮茧锅中抽引出来。

用热水煮蚕茧，控制水温是缫丝工艺在几百上千年里非常重要的技术难点，直到宋代才总结出了缫丝时煮茧温度的控制方法。宋以后又出现了将煮茧与抽丝分开的"冷盆法"——之前一直是从煮茧锅中直接抽取茧丝的"热釜法"。冷热分开，虽然速度变慢，但质量高。这项技术在明代以后成为缫丝技术的主流。

缫丝出来的几股丝需要搓捻才能合成更有强度的丝线，才能成为织造所用的经、纬丝线。

纯手工的缫丝方法很快被淘汰。战国时期出现手摇轱辘式工具，把丝头理出来缠绕到收集丝线的圆框——軖（kuáng）框上，框中心连接不停转动的轱辘柄，丝就能源源不断地从煮茧的锅里引扯出来，持续缠

衣裳年华

脚踏缫车

绕收集。这种机器最好是两人合作，一人整理煮好的蚕茧丝头，一人手摇轱辘。

手摇版缫丝机的进化版——脚踏缫车出现在宋代。通过添加脚踏装置，通过曲柄连杆和脚踏杆相连，让軠框的转动不需要用手拨动，而是用脚踩踏踏杆做上下往复运动，使缫丝者可以用两只手来进行索绪、添绪等工作，从而大大提高了生产力。

才介绍到剥茧抽丝的部分，是不是已经大概感受到丝织品的来之不易了？后续还有更为复杂精巧的纺织过程。

蚕丝织成的美丽绸缎不仅在中国是奢侈品，出口到国外，更是受贵族富豪们青睐。古罗马没有棉花，衣服的料子一般都用粗糙的毛和麻。传说恺撒大帝打了胜仗，缴获了一批丝绸，才第一次正式认识丝绸这种纺织品，当他身穿丝绸出现在众人面前时，众人都被这种来自东方的华服震撼了。

在向来重农抑商的中国，蚕丝和丝绸也是硬通货。丝绵、丝织品和粮食一样，始终是政府征收赋税的主要物品，在各种农家副业中，蚕桑生产是最容易变成商品的，周代已有"抱布贸丝"的记载。自汉代开始生产丝绸制品，便开启了世界历史上第一次东西方大规模的商贸交流，这就是赫赫有名的"丝绸之路"。

衣裳年华

指尖工坊

南宋画家梁楷工于人物，曾绘制水墨画长卷《蚕织图》，记录下了在南宋发展极盛的蚕织业。

养育蚕种，把蚕种放在大托盘上

准备好养蚕的嫩桑叶

蚕长大结茧后收集蚕茧

挑选蚕茧、称重，煮茧缫丝

将缫好的蚕丝纺成丝线，用织布机织成丝绸

桑树的栽培方法

中国漫长的种桑历史，累积了很多植物的栽培方法。

最古老的是播种法，就是直接播种，等种子发芽后再移栽。还有扦插法，是将桑枝剪下插于土中成活。压条法是将桑枝压在泥土里，让它生根后再剪断与母树的连接。还有一种嫁接法，是将叶质优良的桑枝嫁接到生命力强的桑根上。

衣裳

【指尖上的舞蹈】

由线到布的变身

年华

经过初加工，编织服饰的原材料纤维我们有了，接下来，这些纤维还需要通过捻线变成粗细均匀、结实、有一定长度的纱线，然后才能进入下一步编织与纺织阶段，织出的布才能平整光滑。

线是怎么来的

在没有专用工具之前，人们纯靠双手捻线——用手指把绒絮状或短纤维搓成长条状，跟手工搓绳差不多，但要求更细致。

搓绳是人类最早开始的劳动之一。还在打猎为生的原始时代，人类用绳子编织成网兜，用于抛掷猎捕野兽。这些绳索最初由整根植物茎条制成，后来将茎条剖开只留最柔韧的皮，继续劈撕成细条，将两根或多根细条头部固定在一起，再用手搓，让细皮条拧在一起形成更有韧性的绳子。还可以在一段绳的尾部续接新的纤维条，这样一截一截的延长，变成更长的绳。

搓绳

衣裳年华

最早的葛、麻、毛、丝等纤维原料，都可以用这个方法来搓线，但效率的低下是可想而知的。后来有人发现，在纤维束的一端加一个重物，利用它的旋转来带动纤维束的旋转

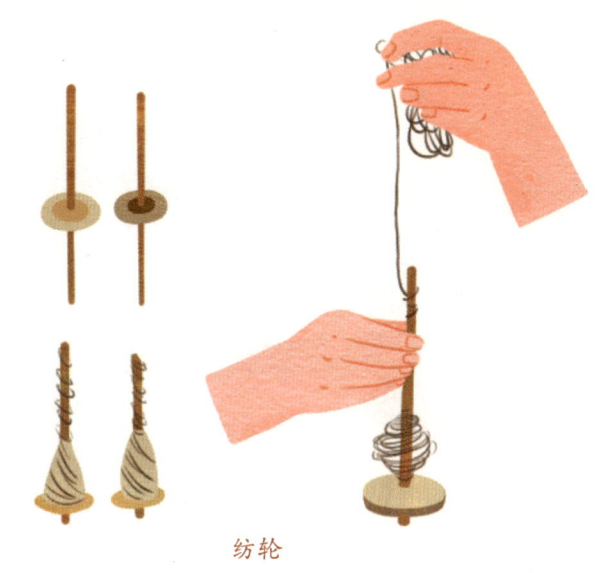

纺轮

绞合，会比双手搓更有效果，手也不用那么累了。这个重物后来正式取名叫纺锤或纺轮。纺轮的大小和厚重是决定成纱线细度的关键，外径和重量较大，纺成的纱线较粗；外径适中，重量较小，厚度较薄的，得到的纱线也就较细且比较均匀，这也是后期纺轮要比早期小、薄、轻的原因。

如果在纺轮中间加上一根细杆，不仅更方便带动纺轮转动，也方便将搓好的纱线缠在上面。纺轮需要手捻动锤杆来带动，难免就会速度不均匀，也经常要停下来，这就导致捻出来的纱线会松紧粗细不均匀。如果你是一位想继续提高纺线效率和质量的发明家，应该以什么为目标呢？对了，想办法给纺轮提供均匀、

指尖上的中国

纺车

连续、稳定的动力。

  古人也是这么努力的。先是手摇式纺车应运而生，加了一个大大的绳轮和手柄，纺轮和绳轮由绳子做的传动带连接，大小差别很大。轻轻摇动绳轮，在传动带的作用下，小小的纺轮便以几十倍的速度转动起来，不仅高速，而且稳定，这大概是最早的对机械传动原理的利用。

  不断地改进，从带动一个纺轮变成带动几个纺轮；把手摇改成脚踏，从而解放双手，一个人也能完成连续不断的工作。元代出现了脚踏五个纺轮同时工作的麻纺车，每昼夜能纺二斤纱。还有以人力、畜力或水力带动的大纺车，有三十二枚纺轮，一昼夜能纺一百斤纱，一度是世界上最先进的纺纱机械。

把线编织成布

纱线都纺好了,终于到了织布环节。

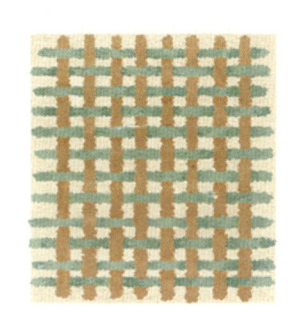

编织的基本原理是经线和纬线的交织。经线平整竖直,纬线以挑压的方式横穿过经线,无论是编席子还是篮子,差不多都是这个原理。西汉《淮南子》里曾经记录过古代最初织布的情形,书里描写道:"伯余之初作衣也,緂(tián)麻索缕,手经指挂,其成犹网罗。"意思是伯余第一次做衣服的时候,是先把麻纤维纺成线,把经线挂在手臂上,用手指把纬线穿过去,织成的布像渔网一样。

如果用手逐根地把经线分为单数和双数两组,中间插入一根分经棒,这样就能很清晰地让两组经线分出上下,形成一个交叉的织口,这样纬线穿过来的时候就不用再费事地一根根挑和压,一秒钟就可以横穿数百根经线,穿过去后用另一根木棍(打纬刀)打紧,使纬线紧紧贴住已经织好的布,这时再用分经棒把两组经线上下换位,形成新织口,纬线再穿回来,用打纬刀打紧……如此循环往复,毫米粗的纱线就慢慢织成几米长的布。为了方便手拿纬线穿梭，在线头绑上骨针或者小木块来引导，这也是后来织布机的重要配置——梭子。

为了方便一个人操作，把经纱的一端固定在树上、柱子上、木板上，人坐下来用双脚顶住，另一端绑在一根木棒上，编织好的部分可以卷在上面，木棒两端用绳子绑在腰上，这样利用腰和双脚稳定住经线的两端，双手就在大腿的位置来回用梭子穿纬线，这就是原始的腰机。

在云南出土的铜器盖子上，有滇族女奴在用原始腰机的图像，她们穿着粗布衣服，腰间系着腰带，席地而坐，双脚蹬踩着织机的经线木棒，有的女奴隶在投分经棒，有的在用木质的打纬刀把纬线打紧，还有的人在用嘴唇抿断纱线，准备接起来再织布。

腰机

这种原始腰机可以说是现代织布机的祖先。直到近代，海南的黎族女性还在用。

当然，全国大部分地区都没有停下改进和发展的脚步，对织机进行了各种改造，

衣裳年华

织机

在原始腰机的基础上加上机架，代替原来腰和脚形成的人体支架，把人解放出来，可以坐起来。加上综框（连接可提起的分经棒）、辘轳和踏板，可以用脚来控制不同经线组的上下切换，双手就可以专门穿梭引纬、打纬。织布速度和质量因此有了很大提升。

一般说来，织造过程须完成开口、引纬、打纬、卷取、送经五个步骤，织机的改革就是根据这些步骤来不断完善，从而操作更方便、织布更快捷。随后,人们又将精力放在如何通过添加工具和改善技艺,来织出更美丽的布,在布上添加各色花纹。这也是中国古代织造技术中,最让全世界惊艳的。

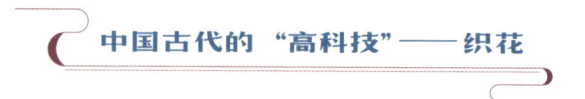

中国古代的"高科技"——织花

经纬交织是基本的织布原理,如果纬线每次挑起和压住的经线数目不一样,就会呈现出不同的纹路,如果有规律地改变这个被挑起的经线数目,那织出的图案也就呈现相应的规律。

在有踏板装置的织布机上,一蹑(脚踏板)控制一综(同时吊起若干根经线的分经装置),为了织出花纹,就要增加综和蹑的数目。两片综框——经线被有规律分成两组,能织出平纹,一般是经纱和纬纱每隔一根纱就交织一次;三至四片综框能织出斜

平纹　　　　　　斜纹　　　　　　缎纹

衣裳年华

纹，经纱和纬纱至少隔两根纱才交织一次；五片以上的综框才能织出缎纹——经纱和纬纱至少隔三根纱才交织一次，这样经线或者纬线总是有一段"浮长"。缎纹的织造工艺比较复杂，经纱和纬纱交织点比较少，所以更为平滑和有光泽，适合高级的蚕丝织品。

如果要织更复杂的图样或者花纹，就必须把经纱分成更多的组。于是，织布机一步一步挑战增加更多的综和蹑，但这样必然导致操作繁琐又容易出错。然而古人在这方面有着无与伦比的天分，他们发明了提花机，代表着古代织造技术的最高成就。而提花机最为神奇的地方是堪比计算机程序的提花贮存技术。

一个花纹需要在什么时候提起哪些经线，先让专业的织花设计师设计好，在图案纸样上画若干方格，并分成小区域，严格计算好每一区的经纬线数，精确计算经纬交结情况，什么地方要用的颜色也提前规划好，这个工作量可大可小，复杂的要涉及上万根经丝的安排。只要先做好一次花纹程序，

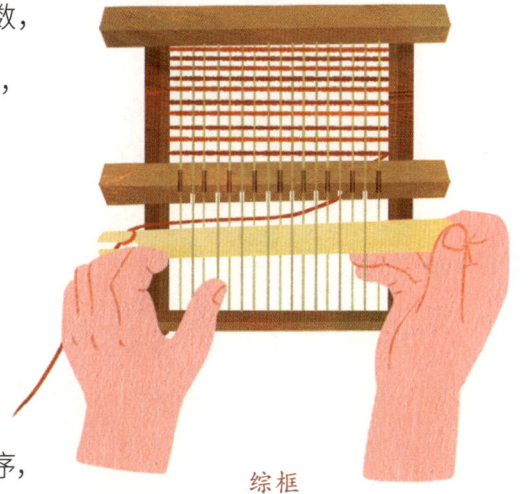

综框

就可以反复利用，这也是为什么我们常见的布纹花样总是有规律并且循环出现的原因。

　　1995年在新疆和田出土的汉代织锦护臂，就是由汉代提花机织成的，也是我们难得一见的古代丝织珍品。这块织锦不足50厘米宽，却密密麻麻有10470根经线，平均每厘米就要铺排200多根，可见密度之高，还有生动的鸟兽图案和花纹。想要稍微分析一下这样的锦是怎么织出来的，便觉得大脑不够用了，这在古代绝对算得上高科技工种。

　　有专家复原了当时的织布机，试图用古代的织布方法再织一幅一模一样的。首先要准备一万多根红黄蓝白绿五个颜色的经

汉代织锦护臂

织机

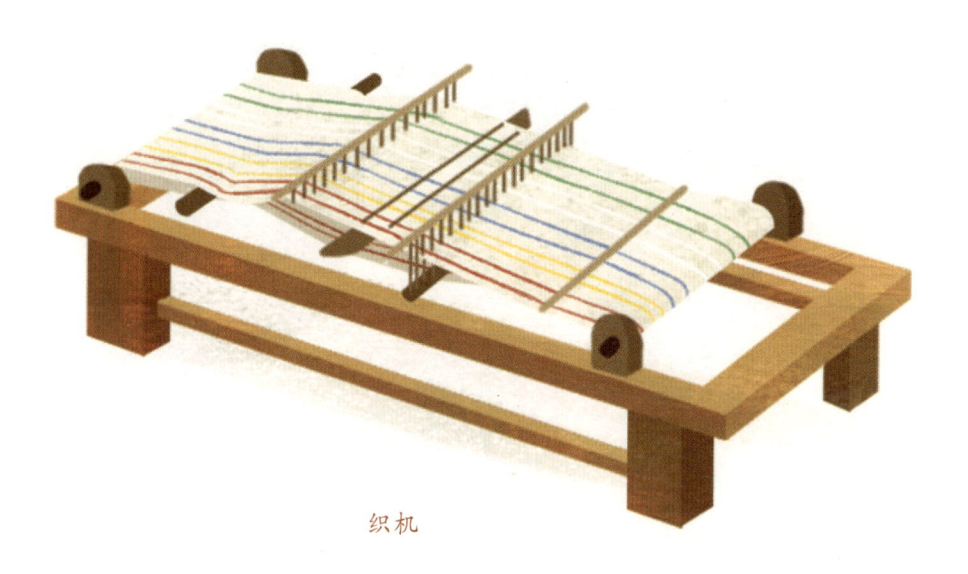

线，最繁重的工作就是把这些经线按照图案设计来"穿综"，仅把10470根经线在84片花综和2片地综上穿插到位，就花了差不多一年时间。

这个过程相当于一个编程过程，一旦完成，后续的工作就没有那么麻烦了。织花时拉一下一块带齿的木板，齿移动带动钩子的移动，钩子上挂着综框，综框连着已经设计好的经线组，再踩脚踏板，启动这一系列的联动，这组经线就被提起来了，差不多有2000多根在上，另外8000多根在下，形成一个交叉口。此时梭带着一根纬丝穿过交叉口，拉直，打纬刀立马跟上打紧，这样就算织进了一条线，一条线不到1毫米粗，一个老练的织工一天

龙袍

也只能织出约13厘米长的锦。

史书上记载当时的织花效率："六十日成一匹，匹值万钱。"非常贵重。用电脑控制的现代提花机也能做这样的复原工作，早上拍的一张照片录入，晚上已经可以拿到与照片图案一样的织锦。技术虽然先进，但织品的效果却不如古代，比如摸起来不够柔软，而且图案也比较生硬。

汉代之后，提花机并没有停止发展的脚步，大花楼把记录花样程序的"花本"更加编程化。搭起高高的花楼，安排一个织工

衣裳年华

专门按照花本的口诀来负责经线的提起，楼下一个织工负责穿纬打纬。这样的织机体积也非常大，长和高动不动五六米，相应的也就能织出极大的花纹，比如长长的龙凤纹，明清皇帝的龙袍就是这样的巨型大花楼机织出来的。这种顶级衣料在花本中代表纬线的横线可能多则十万余根……很难想象一经一纬的朴素编织可以逐渐演变到这么精美复杂。

有了这样的编程操作，两个织工可以不知道要织什么，只要按照口诀完成，保证每一步不出错，华丽多彩的花纹就在她们手中诞生了，是不是很像现代机器操作？对的，这种花楼机传到欧洲后，又经过一些改革，直接启发了电脑的发明。

提花机

指尖工坊

我们常说古代富贵人家穿的是绫罗绸缎，平民人家是粗麻布衣。绫罗绸缎实际上是丝织品的四个种类。在古代的丝织品中，根据纺线方式、编织方式、染色加工工艺、绸面的外观及质地的不同，有很多细分品种。战国的时候就有绢、丝、纺、缟、纨、绸、纱、罗、绮、锦等。发展到现在，可分为十四大类和三十四小类。我们可以在字典上找"纟"旁的字，看看它跟古代纺织技术或纺织品有没有关系，有的话，具体是什么意思，你可以从中学到更多的知识。

指尖上的色彩

从植物的五颜六色到衣物的万紫千红

用色彩装扮自己是人类最原始的冲动。花花草草、虫鸟鱼兽，大自然里的色彩丰富到让人眼花缭乱。人类在喜欢和羡慕的同时，也一直在尝试如何获取和运用这些颜色。

衣裳一直是个重点的色彩试验区。我们知道，无论是葛、麻、棉，还是蚕丝、羊毛，天然的颜色是单一的。慢慢地，人们靠着双手技艺与智慧经验，穿着花样越来越多，或朴素或华丽，人们加工出来的服装色彩比天空还绚烂，比花朵还鲜艳，比羽毛还耀眼。

意外中发现的美丽

染料的起源，和颜料的发现是同步的。我们可以设想几个合理的场景。

当人们还穿着兽皮时，在河边活动，兽皮上沾到了泥巴。洗了以后一些颜色还留在毛皮上。那时可能还没有"衣服脏了"的概念，反而觉得有了不同颜色还挺好玩儿的。于是看到不同颜色的泥巴，都拿来试试，出来果然是相应的颜色。

当人们烧柴煮水煮食物，总

衣裳年华

孔雀石

绿松石

青金石

会留下黑色的木炭。木炭是天然的黑色颜料，可以在岩壁上画画写写，也可以在祭祀的时候在脸和身体上涂画，画在麻葛衣物上也是很自然的事。不过它比较容易掉色，好在也容易得到，颜色变浅后再涂一层就好了。

同样地，人们也找到了天然的用赭石粉和朱砂将粗麻布染成红色，用雄黄雌黄或黄丹作为黄色颜料，一些天然铜矿石作蓝色和绿色颜料调染各种彩绘衣服。但天然矿物似乎适合加工后做建筑和绘画颜料，而用在各种布料染色上，因为有明显的颗粒感，附着力不强，也难均匀，导致布料不够光滑柔软。

后来人们在实践中逐渐认识到，布料染色最好还是用植物染料。因为植物染料不是颗粒状,而是更细小的色素分子,可以溶解到水、油等物质中,能与葛、麻、棉、蚕丝、羊毛等织物纤维亲合,从而改变纤维的色彩,不仅均匀,而且任凭日晒水洗,也不脱色或很少脱色,所以叫"染料",而不是"颜料"。

植物染料最初被发现的场景也不难想象:当人们采摘鲜花野草时,甚至在没有路的山林里行走弄断枝叶时,都可能沾染一些植物的浆汁在手上和衣服上,留下各种颜色,进而专门采集那些特别容易出颜色的植物来进行染色。最初是把带颜色的花、叶捣成浆状物,但是出来的颜色不够纯,也不够鲜亮。在几百上千年的染色实验中,核心的任务就是找到适合染色的植物,探索如何从中提取高质量的染料,以及如何用到各种材质的衣料上。

理论上讲植物只要是有颜色部分——无论是树皮、根茎还是花朵、果实,都可以用来染色,但其实大部分植物的颜色色素分子并不好提取出

黄檗

蓝草　　茜草

来。但人们很快找到了几种颜色相应的植物染料来源，比如用蓝草来染蓝，用茜草来染红，用黄檗（bò）来染黄，又实践得出这些染料的特性和必要的加工工艺。当野生染料植物不够用的时候，人们开始有意识有规模地栽培，并摸索出一套相应的种植方法。

　　染色逐渐发展为一种专门的技艺和行业。官方的管理机构相应诞生，周朝有专门管理染色的官职叫"染人"，秦朝有"染色司"，唐宋有"染院"，明清有"蓝靛所"。官方机构一方面要组织大规模的种植、技术研发、工匠管理等，一方面要监督色彩等级制度的执行。在古代，色彩跟建筑及其他很多事情一样，是有严格等级制度的。把青、赤、黄、白、黑，称为"五色"，是原色和正色，有着非常高的地位。将原色混合可以得到多种间色，也是次色。哪些颜色是皇帝专用，哪些是贵族可用，平民又只能用什么颜色……都是法律问题，不能乱套。

神奇的染料提取

制作染料的过程主要是将杂色素去除，将想要的染料色素提取出来。针对不同的植物，方法也不同。

有些植物用水泡水煮法就可以，有些需要加碱性、酸性或者其他有机溶剂才能把色素提取出来。

水煮法最简单，将植物浸泡发酵或者煮开，直接将要染的布料或者纺线扔进去染就行。但是这个方法受季节限制。因为植物色素在植物体内是随着生长周期变化的，被割采下来以后，更难以长期保存。采摘的新鲜植物必须及时与织物浸染，否则就不好用了。但是，如果总是要用的时候临时采集，量大的染色工程肯定会被耽误，而且还不保证在周围就有相应的染料植物生长；如果需要长途运输，保鲜又成一大问题。因此，在染料制作技术还不够发达的商周至战国时期，染色只能在夏秋两季进行，如染蓝、采蓝必须在六月至七月，染红、挖茜草根必须在五月至九月，其他染草的采集和染色也大都在秋季。简单的水煮浸泡，经常让植物里其他色素也一

衣裳年华

块儿溶解到水里，染出的颜色不够纯正。

当我们看见古代染料配方里写着加石灰、草木灰或者乌梅汤这些东西的时候，不要以为是胡乱用的土办法，他们其实是染料化学加工法的尝试。对植物中的有效成分加以提取、纯制，做出来的染料很长

靛蓝和蓝布

时间不会失效，染色工作就可随时进行，不用再抢季节割草、搬运了，因此用量多的植物染料大多用这个方法提取。

从蓝草中取出蓝色的操作，在我国古代农业手工业典籍《齐民要术》和《天工开物》中是这样记载的，首先将蓼蓝、菘蓝、马蓝、木蓝等含靛植物的叶和茎采集回来放在大坑或缸、桶中，用木、石压住，放水浸泡，使其中的蓝甙（dài）溶解到水中，得到水浆。然后，将水浆和石灰粉（石灰水）按照一定比例混合。要知道，石灰是古代最常用的强碱性物质，加进去后溶液也就呈碱性了。水浆中无色的靛白便很快被空气氧化，生成蓝色靛青沉淀，滤出后晾干即为成品染料，可以运到全国各地。等要用时，

077

将靛青投入染缸，加入酒糟，通过发酵，又能使它再还原成靛白并重新溶解成可用的染液。这一套就是靛蓝的还原染色技术，它包括在蓝草中提取出不溶性固体纯靛蓝，染色时将靛蓝还原成可溶性靛白，当靛白上染纤维后再将靛白氧化为靛蓝固着在纤维制品上。

中国人特别喜欢的红色则是来自红花。红花又名红蓝花，是夏天开红黄色小花的草本植物，西汉时，开始传到内地成为最主流的红色染料，染出的红色最为鲜明。如果将红花直接浸泡的话，其中的红色素和黄色素都会被溶解出来，染色自然就不够纯。古人为此也想到了解决的办法，将带露水的红花摘回后，经碓（duì）捣打成糨糊，加清水浸泡。然后用布袋绞去残渣，可以去掉一部分黄色，再用已发酸的酸粟或淘米水等酸汁冲洗，便可以使红色素单独沉淀出来。这种提取红花色素的方法，古人称之为"杀花法"。它利用的化学原理是红色素和黄色素都溶于碱性溶液，而红色素不溶于酸性溶液、黄色素溶于酸性溶液的特性。

如果要制作长期使用的红花染料，只需用青蒿（有抑菌作用）盖上一夜，捏成薄饼状，再阴干处理，就成了可存放的红花饼。用的时候加入乌梅水熬煮，再用碱水或稻草灰澄清几次，便可进行染色了。

衣裳年华

杀花法

关于红花染料的利用，古代还有一个"黑科技"，不但可以用红花染色，还能从已经染好的布料上，把红色素重新提取回来，布料变本色，色素则可以继续使用。

《天工开物》是这样说的："凡红花染帛之后，若欲退转，但浸湿所染帛，以碱水、稻灰水滴上数十滴，其红一毫收转，仍还原质，所收之水藏于绿豆粉内，再放出染缸，半滴不耗。"好像很玄乎，其实只要掌握上面说过的两个化学原理就好理解了。这是因为红花红色素易溶于碱性溶液，哪怕它已经染着在布料上了，也可以重新溶解回来，所以千万不要用碱性溶液洗红花染的衣服哦。

后面说的将红色素水溶液藏于绿豆粉内,则是利用绿豆粉当作吸附剂,这也说明古人对红花的特点和性质真是了解得非常清楚。

古代服饰的颜色丰富多彩,一个红色系就可以有朱红、茜红、品红、绯红、胭脂红、桃红、石榴红等十几种类别,还有什么牙白、朱青、水绿、艾青、黛蓝……这么多的颜色,难道每一种颜色都要找一种植物来提取色素吗?

当然不是了。色染技术也是一个由简单到复杂,由低级到高级的过程。最简单的浸染,就是把纤维或织物先洗干净后,在染料溶液中浸泡一段时间,取出晾干就算完成。但染料品种是有限的,浸染出的颜色种类比较少。有些颜色还无法找到天然植物的原料,比如绿色染料就很难找到。于是便进一步发展出了套染,意思是依次以几种染料浸染,不同染料的调和就可以产生出不同的颜色来。或者同一染料反复浸染多次,就可以得到浓淡递变的不同颜色。

绿色,最常见的是将黄色和蓝色混合起来变成绿色。用之前介绍过的靛蓝,加上石榴皮(栎黄素)、或者栀子花(栀子黄素)、再或者黄檗这些黄色植物染料混合到一起,就能染成绿色。

衣裳年华

再比如以茜草染色，加入明矾为媒染剂，浸染多次就会看到颜色由桃红色过渡到猩红色；用茜草染一次，再用靛青染一次，就可以染出紫色。

这种套色法，我国商周时就开始尝试，大约在战国时成书的《考工记》以及汉初学者缀辑的《尔雅》中都提到过：以红色染料染色，第一次染为缥（quán），即浅红色；第二次染为赪（chēng），即红色；第三次染为纁（xūn），即洋红色；再以黑色染料套染，于是第五次染为緅（zōu），即深青透红色；第六次染为玄，第七次染为缁，即为黑色……

浸染

著名的马王堆一号汉墓出土的染色织物，经色谱剖析，有绛、大红、黄、杏黄、褐、翠蓝、湖蓝、宝蓝、叶绿、油绿、绛紫、茄紫、藕荷、古铜等20余种色调。明代《天工开物》《天水冰山录》还只记录了57种色彩名称，到了清代的《雪宦绣谱》，各类色彩名称就发展到了共计704种。

081

白色怎么染？

在刚学会染色那会儿，人们还想着找某种染料来染出白色，比如天然矿物绢云母，但后来很快发现应该换一种思路，即用漂白法。天然的蚕丝是带一点儿黄色的乳白色，漂白只要用强碱脱去丝胶即可。

为了使棉布和麻布变白，得花很长时间。用干净的河水将布洗完之后，在野地上晾晒，反复多次，等着它一点儿一点儿变白。后来发现将布放在灰水里泡过之后，可以缩短变白的时间。这就是元代著作中记载的漂白宣麻的"半浸半晒漂白法"——将用石灰煮过的宣麻缕摊开在平铺水面的苇帘上，半浸半晒多日，直到麻缕极白为止。这是利用日光中的紫外线在水面产生的臭氧对纤维中的杂质和色素进行氧化，从而起到漂白作用。除此之外，还有硫黄熏蒸漂白的方法。

人们发现，在染色之前，无论是线还是布，这么漂白一下，会进一步去掉纤维里的胶质，能更好地上色。所以漂白也成了染色前的必备工序，被称为精炼或者漂练。

指尖上的美丽

花衣裳的纹样与色彩

五花八门的染料提取，在古代印染技术中还只能算准备阶段。染料如何运用，更是一门产生五彩斑斓的技艺，更多的色彩和花样，在人类的指尖绽放出来。

从涂画到印染

在织布机不太发达的商周时代，织不出复杂的纹样图案，人们就采用直接手绘的方法，用矿物颜料在素布上涂抹。《考工记·设色之工》中称之为"画缋（huì）"——调配五色，在服装上描绘纹饰。画是指画线、描轮廓，缋就是涂上颜色和细节。这种工艺在出土的丝织物上可以得到印证。例如在陕西宝鸡出土的西周刺绣残片上，还留有很鲜艳的朱红和石黄两种颜色。专家解释，这两种颜色很可能是平涂上去的。长沙马王堆汉墓中出土的西汉丝织衣物上，也有这种画、染结合的做法。

《左传》中说贵族们"衣必文彩"。贵族们要的文彩，图案不是简单描绘在织物上，而是先用植物染料染底色，然后用另一种颜色的丝线绣花，再用矿物颜料涂颜色。这是只能一个图案一个图案制作的顶级定制，费工费时。而且矿物颜料还有一个致命的硬伤——容易掉色。那么，有没有一个办法，让整匹布上高质量的图案和花纹可以一次性制作完成呢？——印花工艺就呼之欲出了。

先介绍一种型版印染技术。找一块平整光洁的木板，其他类似材料也行。将想要的图案花纹的轮廓画上去，然后挖刻。图案部分可以是浮凸起来的，也可以是凹陷下去的，总之板上有了高低落差。在凸起部分上涂刷色彩，然后以其压印布面，颜色便以花纹的形式染上去了。木板上的花纹可以这样反复压反复印，因此很多匹布，都可以得到这个连续的同样的花纹。这是不是就像我们现在的盖印章？其实，印章就是最简单的凸纹印花。

阴刻　　　　阳刻

由于型版印花技术简单实用，印花成本比手绘低，速度也更快，一出现就大受欢迎，即使到了织造技术进步到可以织出更精密复杂的花纹时，印花技术也没有停滞，仍然一直在发展。

将印花与手绘结合起来的方法更能得到新的效果。马王堆出土的汉代印花敷彩纱是用凸纹版先印出花卉枝干，再用白、朱红、灰蓝、黄、黑等色加工描绘出花、花蕊、叶和蓓蕾。凸印的线条光滑有力，很少有间断，手绘部分则有立体感有活力，效果非常特别。

同时出土的还有一款金银色火焰纹印花纱，让我们见识到汉代金色、银色、黄色三色套印技术。它是用三块凸纹版分三次套印加工而成。先用银白色印出网络骨架，再在网络内套印银灰色曲线组成的花纹，最后再套印金色小圆点。整个布面图案密集而连贯，比起一笔一笔画出来，要省事多了。

把"花朵"搬到衣服上

到了唐代，印染工艺已经十分发达，夹缬、蜡缬、绞缬是中国古代三大经典染色印花技艺。

夹缬，是从类似于盖印章的型版印花工艺发展过来的。在

衣裳年华

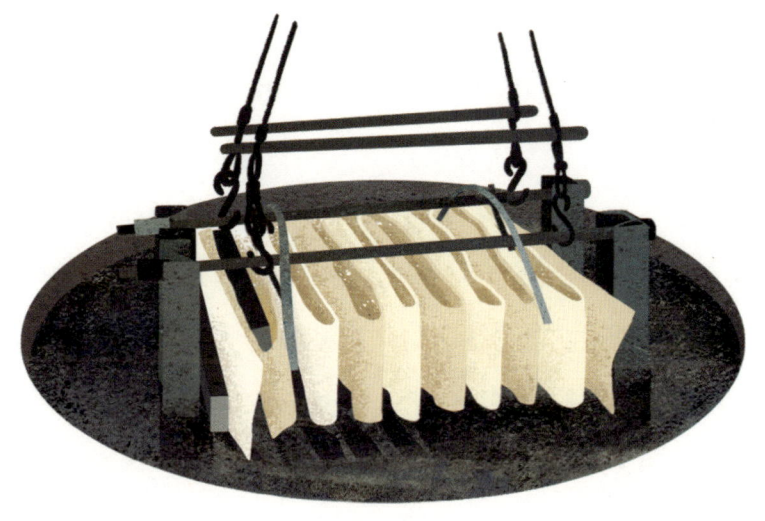

夹缬

两块木板上雕刻同样的图案花纹，再将绢布对折夹入二板中，然后在雕空的地方染色，或者固定好放入染缸，让雕空的地方充分接触染料上色，其他部分因为雕版阻碍保留着原布的颜色。染好后取下雕版，布上就得到了对称的花纹。如果想一次性把一匹布全染好，就用同样的雕版十几二十块，将布依次铺排于雕版之间，然后拴紧雕版组框架，再整个浸入染缸，反复浸染三四次。染好后将布从雕版上取下，到河水中清洗，然后搭在高高的竹架上晾干。

  雕刻图案的木板显得有些笨重。当造纸技术成熟后，便发展为用镂花油纸版涂刷印染。油纸版选用桑皮纸这种比较厚实硬挺的纸。刻版方法和剪纸相同，可以一组或几组图案无限拼接，但拼接处线条要吻合，防止翘角。纸版刻好后再涂一层桐油，以增加牢固度，不易透水。

染布工艺也有调整，将刻好的纸版放在待染的布料上，用黄豆粉和石灰粉调成的浆反复刷，让镂空的部分都牢牢粘一层灰浆，有纸版盖住的地方则还是原来素色布。移开纸版，待灰浆干后再浸入染缸，没有刷到灰浆的部分会被染上颜色。染好晾干后再用小刷或小刮刀刮掉灰浆，这样就染出了有底色和素色花的布料。也可以反过来操作，将花纹的部分染色，其余部分刷浆留原色，蓝布里的白底蓝花或者蓝底白花，就是这么制作出来的。

蜡缬就容易多了。首先用熔化的蜂蜡在织物布面上画出花纹，也可以先在织物表面绘好图样草稿，再用蜂蜡涂描，等蜂蜡冷却凝固后浸入染缸。由于蜂蜡的阻隔，表面被蜡覆盖的区域接触不到染料，因而仍然保持织物的本色。染好取出，加热除去蜂蜡，就显出了织物本色的花纹。当然也可以用木板或纸板雕刻镂

蜡缬

空花纹，再将蜡熔化填满镂空处再进行浸染。

蜡染有一个很好辨别的特点。由于蜂蜡在冷却凝固过程中容易开裂，在整个染色过程中，来来回回的搬运、折叠，都会导致蜂蜡表面形成一些细小裂纹，浸染时，染料会沿裂隙渗入，形成一些细丝状的不规则条纹。这本是无法控制的工艺缺陷，但也是一种特别的美，跟冰裂纹瓷器一样，也被称为冰纹。而且这个冰纹每一件都不一样，在追求快速复制的印染工艺里，倒也塑造着一个个特别，因此冰纹也被称作真正蜡染的防伪标记。

绞缬，又名撮（cuō）缬、撮晕缬，撮是聚合、聚拢，绞是

冰纹

绞缬

扭到一起，通过这两个动作把织物布料结扎起来，或者用针线缝紧，然后染出一种"晕"的效果。

扎染工艺是绞缬的现代说法，分为扎结和染色两部分。扎结，又叫扎花和扎疙瘩，是把要染的布料按花纹图案要求，用撮皱、折叠、翻卷、挤揪等方法，使之成为一定形状。某一个形状大概会出什么花样，成熟的染坊和染工都有经验。

绞缬

扎好的布料再用针线一针一针地缝合或缠扎，将其扎紧缝严，让布料变成一串串疙瘩。也可以把黄豆、绿豆或者玉米粒包裹在里面扎成一颗一颗的小粒。布料被扎得越紧、越牢，防染效果越好。

染色，是将扎好疙瘩的布料先用清水浸泡一下，再放入染缸，或常温浸泡，或加温煮热染。经一定时间后捞出晾干，想要颜色深一点儿的话，就反复几次，持续将布料放入染缸浸染，每浸一次色深一层。染好晾干后拆线结，扎紧缝线的部分，因染料浸染不到，自然成了好看的花纹图案。又因为人们在缝扎时针脚不一，所以染料浸染的程度就不一样。即便用同样的方式扎的千万朵小花，解开后每朵花的效果虽然看上去很像，但实际上各有细微差别。这就是手工制作的魅力，是机械印染工艺难以达到的。

　　染色工艺不仅体现在图案的设计与实现上，色彩的呈现也同样需要技术含量。除了通过套染调配出更丰富的色彩之外，古人还掌握了很多包含化学反应原理的上色技巧。染色过程不是简单地使染料吸附在织物纤维上，其中常常伴随着化学反应发生。

　　比如用黄栌水染黄，古人往往在布料着色后，再用碱性麻秆灰水漂洗，这样可以得到金黄色。再如染黑，古人用含鞣（róu）质的植物进行黑色的提取，无论是树皮还是果实，甚至是虫子都使用过。例如五倍子壳、胡桃和栗子的青皮、栎树皮等，用它们和绿矾来产生化学反应，布料浸染后再经过太阳晒，氧化得到黑色，这种黑布抗日晒和水洗的能力比用木炭粉染出来的好得多。

　　利用明矾为媒染剂也是很早就被发现的染色工艺。媒染剂是可以和色素结合，形成色素沉淀，从而使颜色更好地附着在纤维上的媒介物质。使用媒染剂染出的布料不仅色彩鲜艳，还不

丰富的色彩

容易褪色。

在古代，印染是一个成熟的行业，染线、染布，染葛、染麻、染棉或者染丝织品，又或者染蓝染红……有着各种专业细分。染料的种植也很兴盛。比如宋朝仅开封府为满足官方绢布的印染，每年就需购买红花、紫草等染料十万斤以上。原料都需要这么多，可见宋代染料的商业性种植和印染行业都有很大的规模。

为什么我们从古代各种画像中见到的皇室贵族，都穿着多姿多彩的衣物，而民间染坊却大多以蓝布为主呢？因为衣着颜色向来是被严格管理的。比如宋代有高级的夹缬多色套染工艺，但官方几次下令民间不准印染，只能是宫室专用，于是平民人家就只能染单色了。而蓝色又是最容易得到的颜色，所以平民衣着常见色就是素色、本色或者蓝色。

为什么蜡染基本上是蓝色的？

既然蜡染能染出蓝底白花的花布，那么为什么古代就没有红底白花、黄底白花、绿底白花的民间蜡染布呢？

这是因为靛蓝染色属于氧化还原反应，只需要在普通的冷水中就可以进行；而红花素和栀子黄素等植物染料只能在较高温度的热水中才能上染棉布，否则就很容易掉色。而在这种高温下蜂蜡已经熔化，无法保持防止染色的花形，因此古代是很难做出其他颜色的蜡染花布来的。但是现代染色工艺技术已经完全可以做到了。

衣

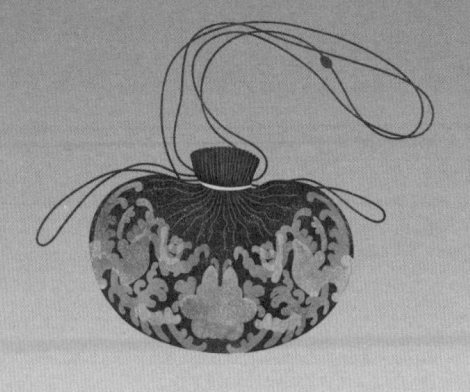

年

指尖上的技巧

以针线为笔墨在布上画画

指尖上的中国

绣，是将彩色的线缝在蚕丝、棉、麻等布料上，形成图案、花纹或文字，方法是用针带着线一针一针刺穿布料，并按照设计好的路径逐渐形成线条、色块、图案。

刺绣的起源，说起来跟在衣物上画花、染花、织花是一个道理，最早是因为原始人有用图腾文身文面来获得某种神秘力量的习惯。当有衣物可穿的时候，不管是麻布还是丝绸，就要想办法把这些图案也弄到衣服上去，刺绣是其中一种方式。

画衣绣裳，爱美之心从古有之

《尚书》中记载，早在四千多年前的服装制度就规定"衣画而裳绣"，在先秦文献中也有用朱砂涂染丝线，在素白的衣服上刺绣朱红花纹的记载，就是"素衣朱绣""黻（fú）衣绣裳"之说。当时是绣和画一起用，比如用线绣好轮廓，再用矿物颜料填涂色彩。

因为布类材质容易毁坏，很难像

侍女蹴鞠图（局部）

衣裳年华

陶瓷、金属制品一样可以历经千年还保存完好，所以年代久远的刺绣品很难有实物保存下来，也无法从已有的出土文物来判断某种刺绣工艺真正出现的年份。

根据出土的西周文物来看，刺绣极有可能在西周时期就存在了，因为专家们在一些出土的器皿上发现了黏留的刺绣纹路和花纹。

2004年在山西挖掘的一座西周墓地里，发现了一件盖在棺椁上的刺绣品，大小有十平方米左右，上面的刺绣图案主题是凤凰，中间是一个侧面的大凤鸟纹，鸟嘴是大钩形，眼睛大而圆，翅和冠的线条是夸张的大回旋。用现代的眼光看比较拙朴可爱，但当时的墓主是想要突出气势磅礴。大凤鸟的前后，各有四只小凤鸟，上下排列，造型与大凤鸟基本相像，只是更加简单抽象。

大凤鸟纹

战国秦汉时期，应该是刺绣自出现后首次高速发展时期，几乎每个有丝织品的墓葬中均有刺绣出现，所绣的图案从复杂程度到精美程度，都有很大提升。

比如现在收藏在湖北荆州博物馆的"罗地龙凤虎纹"。从名字看，是在罗上绣龙凤虎主题的图案。罗是一种特殊的蚕丝织物，经线缠绕出一些细密的小孔，布料轻盈薄透，很适合再在上面添加刺绣。这幅刺绣中龙、凤、虎的线条流畅，三种鸟兽的组合图案是战国时期流行的款式，在同时代的陶器漆器上面经常见到。在这几个主要图案之间，还添加了蔓延的花草、藤蔓，使得整个画面连贯、丰富饱满。其中龙、凤头部写实，身体部分与花草合为一体，但龙行走时候昂挺的胸和肚子，以及虎红黑相间的皮毛和矫健细瘦的腰，都活灵活现地表现出来了。

龙纹

凤纹

飞针走线，千变万化的刺绣针法

可能是受原始编结渔网工艺的影响，早期刺绣所采用的都是锁绣的针法。就是用针引导着线打圆圈，一圈一圈前后套住，

衣裳年华

绣出来的效果像锁链一样，也像女孩子编的小辫子，针脚的距离不是很紧密，但是这样绣线的轨迹能生动地呈现出曲线图案的流畅灵动。如果要在小面积里填色，要么用颜料涂抹，要么再绣数排辫子排满，相当于在底布上又加了一层密实的线圈，所以这样的绣布更结实耐用。

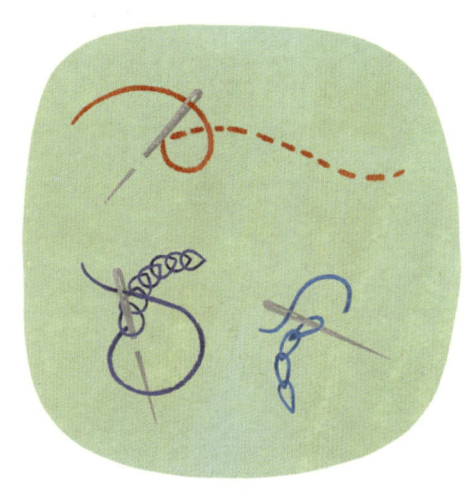

不同的针法

　　锁针绣之后，平针绣出现了，后来划归为直针绣，是指从一边到另一边直接拉直线形成形状的绣法。不论是竖直、斜直或者是横直都属于直针绣。这种绣法最简单直白，像素描一样，垂直的小短线，一般人拿起针线缝缝补补时，最自然的就是利用这个针法。

　　锁针绣后来也出现了创新玩法——劈针绣，就是第二针倒回从第一针中穿出，把第一针劈成两半，完成后形成辫子形状，这比锁针的绕圈法更简单，绣线也更细致并更贴近底布。

　　为了表现颜色的渐变效果，唐宋时期发明了套针绣，简单说就是不同颜色的直针层层套接，每一层的颜色都略有变化。比

如绣一个颜色从深红到淡红的桃花花瓣，先画好花瓣轮廓，然后从外往里，用逐渐变深的红色，每一层都大概有一半长度是覆盖在上一层上面的，这样就实现了色彩的深浅融合和变化。

套针绣

宋代人很喜欢直接绣山水花鸟图，就要大量用到这样的针法。画画时可能一两秒钟就能完成的一笔水墨效果，到了绣娘这里，可能得设计出好多种针法，换不同颜色的丝线，才能完成。

刺绣就是以针为笔，以线为颜色，针法就是笔法，不同方式形成不同的质感和效果。绣苍老树干和绣轻薄花瓣的针法不一样；湖里的水纹和山上的云雾针法不一样；人的脸和衣服鞋袜针法也不一

刺绣作品

样……如果好好研究每种刺绣针法，会惊叹于古代女性（从事刺绣的绝对主力）惊人的创造力，就那么一根针，一根线，却能完成各种花样。基本针法有几十上百种，在一幅绣品里，可以用这些针法随机组合，于是绣品花样种类可以呈几何倍速增长。

女红，绣出一片多彩生活

也不知道从哪个朝代开始，刺绣就成为中国古代女孩子从小到大必学的技艺，因此又叫女红（gōng）。刺绣技术并不简单，是学会穿针引线缝缝补补后，再慢慢进阶的过程。

据说一个女孩如果从十岁开始练习，可能要在十六岁才能绣出一件精致的枕套。先是要熟悉各种针法，最简单的直针平针，要做到各个方向都是平整的，竖平、横平、斜平，不能凹凸不平；每次的落针点都与图案线条轮廓齐平，不能前一点儿后一点儿，绣完后呈现的线条是整齐流畅的；针

侍女蹴鞠图（局部）

指尖上的中国

女子刺绣

脚要均匀，每一针之间的间隙要匀称，不能有的密有的疏；最终整体的感觉要自然顺和，看起来摸起来都流畅生动。又比如劈针针法的练习，要点是注意被劈开的线要左右部分均匀，没有足够的熟练和耐心是很难做到的。

在掌握一定的针法后，还需要想法、创意和对色彩美学的把握，不然掌握上百种针法却不会合理运用，绣出来的东西也欠缺艺术感。聪明的人，哪怕只用一个直针针法，也能绣出丰富的图案来。

虽然高档精美的刺绣作品往往是贵族皇家专享，但因为刺绣

衣裳年华

可繁可简，只要有针线、布料、剪刀、画稿、绣绷或绣架，人人都可以上手，所以平民家的女孩子在出嫁以前，也可以为自己绣一批陪嫁之物，这也是展示新娘子贤惠和手艺的机会。

古代女子嫁妆大多是织品类的东西——衣服、布匹、被褥等，而且一定要有象征爱情和多子多福的图案。这些嫁妆在婚礼当天会被新郎亲友们围观，绣品可以展示出新娘拥有多么高超的女红技术，证明她值得尊重和珍惜。

婚后用到刺绣的地方就更多了。几乎所有用布料做成的东西都可以添加刺绣，椅垫、桌围、门帘、壁挂、屏风、床单、被面、枕套，大人小孩的外出礼服、帽子、鞋子鞋垫，以及荷包、钱袋、扇套、香包、手绢，心灵手巧的女子们总是有永远也做不完的绣活儿。如果生了女儿，从小看惯了母亲姨娘、奶奶婶婶、姑姑姐姐拿着针线做活儿的样子，耳濡目染之下自然也就学会了这样的基本功，从简单到复杂一步步尝试，等到能出嫁的年纪，也为自己绣好满满的嫁妆……民间的刺绣工艺

女红

← 绣绷

← 绣架

就这样一代代在家家户户传承着。

中国的刺绣传承了数千年之后，逐渐走向巅峰。宋代设立文绣院，绣工有三百多人。喜爱绘画的皇帝宋徽宗还专门设立了绣画专科，绣工不仅能独立创作自己的刺绣作品，还能把各种著名画家、书法家的作品绣得惟妙惟肖。尤其是纯欣赏性刺绣，以仿绣书画为长，多以名人作品入绣，追求绘画趣致和境界。明清时期，南京、苏州、杭州等地有官方织绣局和商业绣坊，他们在民间招募优秀的绣娘，刺绣高手还可以进入皇宫服役。

无论是官方还是在民间，刺绣技法和对丝线材料的运用都在不断发展。比如用捻过的丝线绣树干和岩石，用未捻过的丝线绣

衣裳年华

人脸等特别精细的部位。一根纺好的蚕丝纱线，在绣工手里甚至能再劈成几十根丝，这样绣出的精细质感惊为天人。金银材料也被广泛用于刺绣，片金是将金箔贴在极薄的羊皮上或棉纸上，捻金是将金箔切成细条和丝线捻在一起，金银线是镀金的铜线或银线，这些金银的加入让绣品更加富丽堂皇。

清代小说《红楼梦》里写到晴雯补裘衣使的孔雀羽线，是用孔雀翎上绒与丝线缠绕后，一节节捻成的线。明代著名的顾绣里，还常常用到人的头发。还有在刺绣里加入珍珠、玛瑙及其他亮片的珠片绣，穿上以后珠光宝气神采照人。这些特殊的材料加上五花八门的针法，绣出了中国古代灿烂的服饰文化。

晴雯补裘

一幅刺绣作品的工艺判断标准,可概括为"平、齐、细、密、匀、顺、和、光"八字。

平:绣面平展。

齐:图案边缘齐整。

细:用针细巧,绣线精细。

密:线条排列紧凑,不露针迹。

匀:线条精细均匀,疏密一致。

顺:丝理圆转自如。

和:设色适宜。

光:光彩夺目,色泽鲜明。

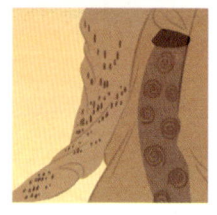

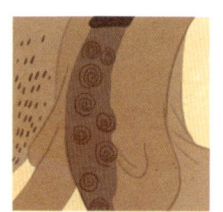

古代服装上的刺绣针法

衣 裳

| 指尖上的体面 |

服装设计从无到有

年 华

中国古代的服装极具特色和辨识度，无论中国人外国人，一眼就认得出来。这不禁让人好奇，在原始时代，大部分民族都是从穿兽皮和简单织布开始的，是什么让中华民族形成了这样独特的服装风格呢？

现代服装的样式和风格，很多都是服装设计师决定的。但古代并没有服装设计师这样的职业。最早为中国服装样式发言的是传说中的黄帝。《易经》中有这么一句，"黄帝、尧、舜垂衣裳而天下治，盖取诸《乾》《坤》。"意思是从黄帝起，依从《乾》卦《坤》卦中天地的关系，推广穿衣着裳（cháng），从而天下治理得安定太平。

乾上坤下，上衣而下裳，这种上衣下裳的设计是华夏祖先对天地关系的理解。那时的人们在任何事情上都想顺应天地自然，如果与它们同步，就会得到神力照顾一切顺利，于是穿衣也要分上下，有天有地。虽然最早这么穿的人有可能是因为兽皮布料不够大，做不了整身的袍子，用骨针缝起来又麻烦，所以干脆分上下两截套在身上。只是后来一旦被重要人物赋予了重要意义，并且以统治者身份昭告天下，那么这一形式就获得了权威性。

衣裳年华

这个权威性的影响力超乎我们想象。黄帝传下来的大襟（衣领）向右交叉捆系、宽袍大袖长裙式的穿衣风格，开始于夏、商、周（春秋战国），在秦汉时期成熟，延续到三国两晋南北朝、隋、唐、五代、宋、元、明，并影响了日本、朝鲜等国，形成了几千年的东方之美。

最早的服装设计师是谁

我们虽然知道了中国服装样式最基础的起源，可具体到服装制作方面，是谁来确定具体样式、颜色、图案这些细节呢？有研究者认为最早的时候是巫师。那时候的巫师地位很高也很受尊重，因为他们能跟天地神灵"沟通"，比普通人多了"超能力"，而普通人又特别崇拜和害怕"超能力"。

巫师

其中有一些巫师确实思维敏捷，是具有先知先觉的思想家。他们把自己理解的天地之道总结成一套理论，向部落、国家首领和普通大众传教。但大众的知识水平有限，只能靠外表去判断一个人是不是很厉害，所以巫师们会刻意把自己装扮得与众不同。中国近代著名学者王国维曾经这样评价原始时代的巫师："群巫中，拥有像神之衣服形貌者，而视之为神之凭依。"绝大部分巫师的长相也就是普通人的样貌，最直接的就是借助精心准备的衣服、饰品和化妆。人们也没见过真的神是什么样子，大概在人群中穿着打扮最隆重最特别的那个就是吧。

进行巫术活动的时候就更得盛装打扮了，头上戴着插羽毛的大帽子，身着大袍子挂很多叮叮当当的装饰品，衣服上、脸上画上各种颜色的图腾，跳着怪异的舞蹈，口中还念念有词说着咒语，企图引起天地神灵的注意。具体效果很难监测，但是这样的场面和行为肯定能让在场的人产生敬畏之心。

巫师面具

到了部落首领或一国之君这里，道理是一样的。作为一个人，

衣裳年华

他们只是普通的长相，也会生老病死，如何让万民崇拜和敬仰呢？其中一个方法就是穿最独特的衣服，样式、颜色和图案都是独有的，而且赋予它们天神的含义，是代表神来统治国家。

于是宫廷的设计师们——也许就是当上国师的巫师，就给皇帝穿上了龙袍，绣上了龙的纹样，全国只有皇帝才能穿。在农业为本的国家，风调雨顺五谷丰登是天下老百姓最大的愿望。穿着龙袍的皇帝可以像龙一样呼风唤雨。为了进一步塑造高高在上的形象，还要设计帽子，前边挂珠帘，不让人轻易能看清长相和表情，就显得更神秘了。如果问古代最顶尖最豪华的衣服是什么，答案是确定的，那就是皇帝登基加冕（miǎn）和祭祀天地时候穿的衣服，无论材质、工艺还是文化象征，都到达登峰造极的地步。

皇帝最隆重的衣服形

冕服

式定下来后，其他不同场合或者其他不同身份人的服装，按着重要程度和身份地位依次降级就好了。图案的丰富程度、布料材质、颜色、图案内容，都可以作为划分等级的标志。红色比紫色高级，黑色、黄色比绿色高级，龙比虎豹高级，凤凰比喜鹊高级……

这就是中国古代文化，怎么做一件衣服和穿一件衣服，可以涵括宗教、哲学、政治、经济、生活礼仪等很多问题。

T字形平面裁剪的含蓄和飘逸

一件衣服怎么开始做，我们从两个字说起。第一个字是初，初字的甲骨文和小篆，是"衣"和"刀"两个字拼在一起，意思是开始裁布做衣服，所以初在后面的意思就变成了开端和开始。

用刀裁布是制衣的开始，这就是剪裁。在今天的服装行业，剪裁之前要先有设计师的平面图和打版图，然后按照不同身体部位或大小尺寸，把布或剪或拼成不同块状结构，最后缝合拼接成完整的衣服。同一款衣服打好一个版，做成纸样，就可以反复使用，按照比例放大缩小做成大码、中码或小码。

初（甲骨文）

衣裳年华

汉服右衽

　　但古代中国人的剪裁思维更直接简单，开始可能只是把一整块布对折一下，然后在对折线中间挖一个洞，可以把布套过人的头部，最后按照 T 字形把肩膀和手臂部位的下部挖走一块缝成袖子。如果布料不够宽，袖口部分就再接一圈。为了方便穿着，把正面剪开，做成直下的衣襟。但更多的时候是做成斜的衣领和衣襟。穿着时把衣领交叉，这样可以更好地包裹身体并掩盖住里面的衣服。注意了，斜衣襟交叉方向是从左往右。可能是因为古代衣物多用带子捆系而不是扣子，惯用右手的人多，这样解系衣带更为方便。但后来人们认为往右是因为右边更尊贵，右衽成了是华夏服装文化里一个象征文明的符号，可以用来区别左衽

衣（金文）

的蛮夷之邦。

第二个字是衣，我们写的衣字是象形文字，上面的一点表示人的头，点下面的一横便是平展开来的袖子。无论各个朝代服装的领襟款式和装饰图案如何变化，这种套头T字形的结构都贯穿下来了。与后来西方流行的贴合人体曲线的立体剪裁不同，这种被称为平面剪裁，衣服的肩膀和袖子是水平一条线的，而且跟衣身之间是整体相连的，由于没有生硬的拼接缝线，肩部平整圆顺，有浑然一体，天衣无缝的感觉。

有人认为中国古代这种服装不考虑人的立体和曲线，显示不出人体的美，是因为不会立体剪裁技巧。这种说法不够客观。在T字形平面剪裁中，腋下有时肥大不合体，出现衣褶堆砌的情况，很多裁缝都会在这个部位加一个插片，其实就是典型的立体思维。所以只能说，比起贴合身体曲线，古代中国人更喜欢中正平直的大袖长袍把整个身体笼罩起来。

这种穿衣方式的内涵在于一个"合"字。它更像一匹布料搭在人身上，依靠自然的向下垂感来塑造轮廓形象——所以古代裁缝裁剪时很在乎布料纹理的走向，如果不顺着纹理，在久穿水洗后，衣服容易变形，这是他们会在乎的细节。而衣服是不是能显

衣裳年华

出一个人的胸、腰和臀的起伏，古人倒没心思追求。

正如中国书画中的写意方法，追求的是内在意境，而非外在的写实。平面宽松适体的服装体现了简约、飘逸、内敛含蓄、平和自然的民族性格。这样的结构让人无论在动还是静的状态，都能比较端庄得体。尤其是古人的礼仪习惯经常需要弯腰作揖下跪，做这些大幅度动作时，既不会感觉到被束缚，还能有衣袂飘飘的优雅。连肩平袖在视觉上让人体肩部的转折变得平顺自然，线条圆润颀长，腰臀部分也不会刻意收拢，线条垂顺，流畅衣纹一直到脚，偶尔风吹过便飘起来，这些都是形成服装自然飘逸之美的重要原因。在古代人物绘画中，我们能强烈地感受到这种美感。

穿T形平面剪裁服装的古人

民国早期开始流行的旗袍，也继承了这种传统服装的基本结构，连肩平袖中缝拼接，中规中矩。直到二十世纪三十年代西式立体裁剪进入上海、香港等地，那种曲线玲珑的现代旗袍才开始出现，中国人也开始展示自己的身体曲线。

独特的裤子与内衣发展史

在外衣之下，古代人的穿着也远比现代人复杂。人们通常以为上衣下裳时代的裳就是现代人的裤子，其实是不对的。最初，裳只是将布裁成两片围在身上，为了防止走光，就再加一片布挡住腹部到膝盖，叫"蔽膝"。到了汉代，才开始把前后两片连起来，成为筒状，这就是所说的"裙"。

后来把裙和上衣连起来就是长袍状的"深衣"。做下身裙的时候，一般是先把布裁成上窄下宽的六片或者十二片，窄的一头缝连起来形成一个喇叭状的裙筒。这时你会不会好奇，这样的裙筒

蔽膝

衣裳年华

里面，是穿内衣还是裤子？

首先，古代没有我们今天所说的内裤，甚至裤子的造型跟今天都不一样，最早是只有两根到膝盖左右的裤管没有裤裆的"胫衣"，用带子系在腰上，两条大腿和屁股是光溜溜的。

后来改进到能包裹整条腿了，正面看跟今天的裤子差不多，但是转过身来就让人害羞了，屁股还是露着，所以男女都离不开裙子。直到战国时期，赵国必须建立一支骑兵队伍去打仗。要骑马的话，就必须改进这种穿衣方式，把整个臀部和腿部保护起来。于是赵王借鉴当时的游牧民族，让士兵穿上有裆的裤子。后来人们发现，穿着这种裤子生活和劳动远比原来的那些传统衣裳要更加方便。于是这种裤子逐渐在民间流传开来，尤其在冬天，还有很好的保暖作用。

上身的内衣没有这么曲折的发展过程。从层叠

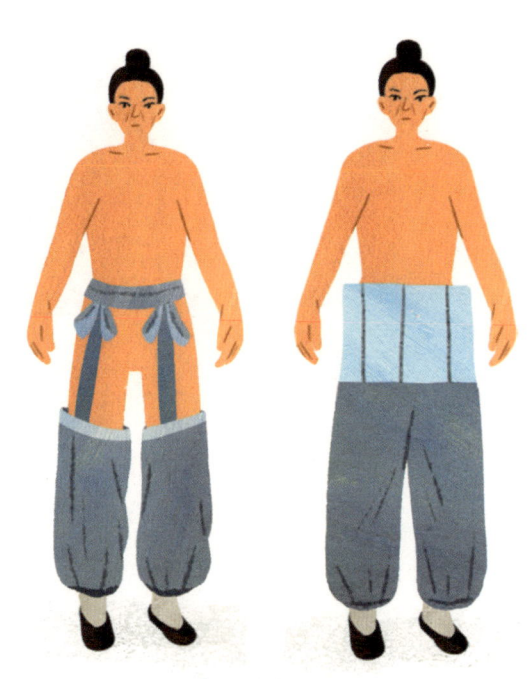

裤子的演变

的衣领就可以看出，古人穿衣一般会有好几层，有外衣、中衣、内衣。内衣因为直接贴身穿，叫"亵（xiè）"衣，意思是轻薄、不庄重，是千万不可轻易给外人看到的。内衣的形式也比较简单，一般都没有袖子，背部也可以是空的，主要是保护好胸部和肚子，穿着时用带子固定。女性的内衣一般还会配上精美的刺绣，这是她们对自己的爱。

亵衣

指尖工坊

服装与身份

清代钱泳的《履园丛话》中，记载了一个看人裁衣的故事。

北京城里有个裁缝，手艺高超，很多官员和大户人家请他缝制衣服。他裁衣服量尺寸不但注意客人的身材，而且对于性情、年龄、相貌等特征，都同时观察，甚至连何时中举等事，也要问清楚。有人好奇地问他："你询问这些干什么？难道与做衣服量尺寸有关系？"他说："当然有关系。仅从衣服长短来讲，少年中举的，难免傲气一些，走路多是挺胸鼓肚，这种人的衣服要前长后短一些，穿上必定合身；那些老年中举的，大多意气消沉，弯腰曲背，他们的衣服就要前短后长一些。胖子的衣服，腰部要肥点儿，瘦人的衣服应窄点儿。性情急的人衣服宜短，性情慢些的人衣服宜长……"

钱泳在记录了这个故事后评论道：这位成衣匠所以高明，就在于他不仅仅按照身材裁衣，且善于掌握穿衣人在社会生活中的特点，做衣服时考虑进来，穿着的人当然就时刻都感到称心如意。

衣

年

指尖上的花样年华

不同年代的纹样图案

指尖上的中国

　　织布、染色和刺绣，这些技艺最终都是为了让布料呈现一定的颜色和纹样图案，让布料有更丰富和更好的质感。为了让某个花样显得更生动、更流畅、更光彩夺目，人们才费尽心思去钻研和改进庞杂的织染技艺。现在，让我们聚焦中国古代服饰上的图案，它们在全世界也是风格独特的存在，更是代表中国的标志物。

原始时期的抽象几何纹

　　衣服上这些美丽的花纹是怎么来的？为了回答这个问题，我们又一次要将目光闪回到原始时期。最初，人类开始有意识地用烧过的木棍、天然的红色石块在洞穴岩壁和自己身上涂涂画画，有时是围猎的场面，有时是风雨雷电等自然现象，有时是祭祀和丰收……这是他们在劳动和生活中对事物的纹理、形状、色彩、动作的感受和记忆，希望通过刻画和颜料描绘让它们重现。但是他们的水平有限，工具和颜料也有限，只能简化成线条，现代专

古代岩画

衣裳年华

业点儿的说法叫抽象——用简单的线条和色彩来表示。

久而久之，一些事物的形象就有了表达模式。比如太阳是个圆圈儿；鸟儿只要有嘴和翅膀就能认出来；鱼也只要有眼睛、鱼鳍、鱼尾这些很有特征的部分组合就能表示；人呢，也可以用几笔就描绘出头、身体和腿。这些

几何纹陶器

基本形象和画法逐渐稳定和传播开来，便成了大家都用的纹样。这些纹样会被用到生活的各个方面，岩壁、陶罐、首饰、工具、陪葬物品，当然还有衣服上，只不过服装太难保存，我们今天看不到太多的实物。

在出土的原始时期的彩陶上，还能看到这些原始纹样图案。所表现的内容基本来自日常生活。比如在黄河流域的马家窑，这里黄河支流密布，因为有丰富的水源灌溉，土地肥沃物产丰足。这里的原住民总是在跟水打交道，他们利用和依赖水，也保护和治理水，在与水的亲密接触和反反复复观察思考中，水的形象不仅深入人心，还繁衍出许多关于水的智慧。他们将水作为最重要

水波纹陶器

的主题,精心描绘在陶罐上,以表达对水的喜爱和敬畏。于是,在几千年后的今天,文物研究者可以断定:起伏绵长的水波纹和激越翻卷的漩涡纹是构成马家窑彩陶的主要纹饰。

出土文物中的马家窑彩陶,有很多简洁流畅又对称的水波纹。不难推测,他们也会把这些画在衣服上。

我国的象形文字,就是原始先民们用简明的点和线组成的纹样,将生活中种种形象的事物用点和线概括出来,慢慢地就变成这件事物的固定符号,形成了通用的文字。那时候的人写字,跟画画没有太大区别。这种造型表意的手法,成为图案继续发展的基本逻辑。

比如,当部落逐渐壮大,会形成一些共同的文化,就会选出一个最符合本部落精神和最有神力的纹样作为图腾。图腾是部落象征,在不断强化的过程中,本部落人对图腾会形成强烈的崇拜感。他们希望这个图腾能对其他部落产生威慑作用,成为本部落的保护神,所以一般会选取比较有力量的猛兽,并把它神化,塑造成孔武有力的图案形象。

图腾里的武力与神力

通过前面的讲述，我们能理解为什么到了夏、商、周时期，大型的国家政权刚刚形成和建立，流行的纹样图案看上去都有些狰狞恐怖。这是因为当时的国君对内要管理奴隶，对外要征战外族，他们就想塑造让人感到神秘和恐惧害怕的形象。那时候的青铜器厚重雄伟，上面布满图案，主要是动物图案，但不再是让人亲切的鱼、鸟之类，而是现实中不存在的神话传说中的怪物。它们是龙、凤、饕餮（tāo tiè）（凶恶贪食的野兽）和夔（kuí）（只有一条腿的怪物），而且尽量把它们凶恶化。

饕餮纹

夔龙纹

这些神兽担当主角，还得配上一些次要的图案添补空白的地方，才能让整体显得丰富而华贵。云雷纹就是最好的搭配选择，它是一种对称连续的几何图形状花纹，可能从原始时期漩涡水波纹发展而来。

商代也有服饰图案的文字记录可以考察。那时，奴隶主服装上的图案主要在领口、袖口、前襟、下摆、裤脚等边缘处，图案大多跟当时青铜器上装饰纹相同。比如云雷纹和菱形纹、几何纹，它们在青铜器上是作为神兽主图案的底纹出现的，在衣服上则是主要纹样。这种小单元样式连续无限复制的方式，一直到现代的时尚品牌，都还在运用。

随着生产力的发展，政治文化上更多的规矩、礼节也在这个时期建立起来。在纺织领域，不仅织造技术进步，有了华美的暗

衣裳年华

花绸和多彩的刺绣品，也有了官方认可的五种正色，并且出现了后来影响到历代王朝服饰制度的十二章纹样。

据《虞书·益稷》中记载的十二章纹样，纹饰的次序为日、月、星、龙、山、华虫、火、宗彝（yí）、藻、粉米、黼（fǔ）、黻。十二章的每一个纹样都有它的含义和象征意义。从宇宙星球、传说神兽、花鸟鱼虫到自然山川、五谷粮食，再到治国之道、孝顺与忠义、勇敢与智慧，总之，这十二章包含了全方位的美德。

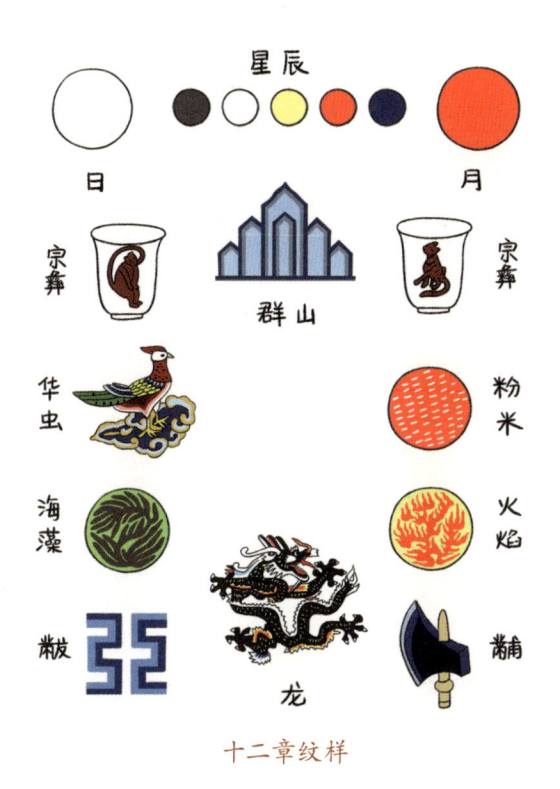

十二章纹样

从十二章纹样的形式和象征意义来看，还是原始时期图腾崇拜的心理，不过涉及的范围更广，想把世间所有美好事物和寓意都纳入进来。但使用这些图案却要有一定的身份要求。例如，天子服饰可以用全部的十二章纹样，诸侯、一般官员、士大夫则依次从多变少，普通平民不可用。

活跃的时代与灵动的纹样

夏商周之后的战国和秦汉时期，是中国古代社会的一个大变革时期，不仅国家社会从统一走向分裂动荡，社会思潮、文化风气也呈现百家争鸣的状态。人们不再是奴隶社会缺乏自由和活力的状态，而是有了一定的自由，时代氛围是混乱的也是活跃的。

这时器物和衣物上的纹样也发生了变化，不再有商代时那种严谨、神秘和森严感。即便是龙凤动物纹，线条也柔和

古陶

衣裳年华

流畅起来，变得开放和自由起来。龙凤的头、脚、尾巴可以幻化成花草曲线延展开来，弧形的云纹也可以在某处加一个鸟头、一条曲线，就顺势变成了飞鸟图案，一改商、周时严格中心对称、反复连续图案的结构形式。轮廓结构由直线主调走向自由曲线主调，优美的线条可以随意重叠缠绕，上下穿插，四面延展。对花草事物的描画也带有幻想和浪漫色彩。

龙凤纹

人们在设计图案的时候不仅是观察自然生活，还带入了自己的想象来做变形，不受框架的约束。这种灵活的手法营造了一个比现实更为丰满、浪漫的纹样世界。

繁花里的开放与富足

到了隋唐时期,国力强盛,文化以开放的姿态与外来异域文化相互吸收、融合,变成了影响更为深远的大唐文化。图案艺术也达到了一个前所未有的辉煌时期,与同时代的唐诗、书法、绘画一样,在历史的长河中闪闪发光。

这个时期出现的一些代表性图案,主要是受到佛教文化和波斯文化的影响,比如忍冬纹、莲花纹、宝相花纹都是来自佛教文化。佛像绘画需要大量的底纹、边纹装饰,象征长久生命力、纯洁高雅的植物花纹是最好的选择。为了铺满画面,采用缠枝、卷草的形式,将花、花苞、枝叶、藤蔓的组合以波状弯曲成S形,连绵不断生长、缠绕、蔓延。这种纹样方式因为在唐代最盛行,于是又称为唐草纹。

牡丹回纹宝相花

另外，联珠纹和团窠(kē)纹也是隋唐时期服饰的经典图案。那时人们以胖为美，一些团团圆圆的图案就很受欢迎。小花朵、大花朵甚至是雪花，外面绕一圈圆珠子，一团团散开去，如果是龙凤鸟兽等图案，那最好也是用花草纹、小圆珠包成个圆形。

联珠纹

类似圆形图案还有来自佛教文化的宝相纹。相传它是象征着宝、仙的纹样，一般以某种花卉如莲花、牡丹为主体，中间镶嵌形状不同、大小粗细有别的其他花叶。尤其在花芯和花瓣的根部，用小圆珠作规则排列，像闪闪发光的宝珠。在刺绣、织花、染花的过程中，再加以多层次颜色，显得格外富丽、珍贵，故名宝相花。

每个图案都在讲述一个愿望

宋元明清几个朝代，社会上流行的思想又发生了一些变化。这时追求严肃伦理道德观念，不仅文化艺术，就连服装纹饰风格也都跟着受到影响。人们希望万事万物都能蕴含天理，也创造各种艺术来表达这些思想。这一时期服装上的纹饰，几乎每个图案都能解释出其中寓意，而且这个意义还必须是吉祥的，后来人们就称之为吉祥图案。

总结起来，图案所要表达的只有四个含意："富、贵、寿、喜"。比如用龙、凤、蟒来象征权贵，用云纹和风筝表示平步青云；莲花和鲤鱼表示连年有余，牡丹是富丽堂皇；寿当然就是南山不老的松树、东海的水波，还有龟与鹤；喜除了婚姻爱情、家宅平安、多子多福等各种喜事，还有好运气好福气到来的各种欢喜，比如喜鹊站在梅花上是喜上眉梢，三只羊是三阳开泰，几颗柿子是事事如意，五只蝙蝠是五福临门……或者就是福禄寿喜各种字，直接作为图案元素。

吉祥图案

还可以在哪些地方看到古代纹样？

我们还可以在下面这些地方看到我国古代传统图案纹样。

民间工艺：陶瓷、剪纸、雕刻、编织等，不同的地域会有不同的特色，一般比较朴素。

宗教艺术：比如庙宇、石窟中的壁画，神佛画像、雕塑和法器，以及建筑上的绘画和雕刻等。最典型的敦煌壁画，就是佛教传统图案中的精华。

封建帝王、王公贵族、富豪商贾等所用的陈设品、日用品、首饰等，上面的图案代表着比较高的工艺水平，是为了满足优越的生活精心设计制作的。

衣

年

指尖上的智慧

裘与革的鞣与柔

越了解一个物品背后的工艺，越能感受到它的来之不易。在追溯人类服装起源的时候，我们总会想到原始人把打猎得来的兽皮往身上一披，一件毛皮衣服就有了，简单得很。然而，你想得太简单了，因为没有经过加工的兽皮会很快变得又臭又硬。关于毛皮皮革的处理技术，其实又是一项专门的学问。

当然，原始人并没有"我要建立一门学问"的想法。只是因为生存条件恶劣艰苦，大自然虽然提供各种丰富的动植物资源，但人类自身的工艺技能和水平有限，出于生存和生理本能，为了抵御严寒以及防护伪装的需要，人类开始对兽皮进行研究和利用。

古书中曾记载，"*上古穴居而野处，衣毛而冒皮*"。人们用各种简单的石制工具捕获动物，在抓到动物后，就带到自己的洞穴里"食其肉而用其皮"。这就是历史上"茹毛饮血""食草木之实，衣禽兽之皮"的时期。这个时期远比我们想象中长，从旧石器时代到新石器时代，再到前面讲过的黄帝时期，差不多有两百多

原始人

衣裳年华

万年，人类都是停留在对猎物毛皮的原始利用阶段。

在那个阶段，人们得想各种办法让得来不易的兽皮变得耐穿、柔软、温暖起来。在葛、麻、棉和蚕丝还没有发展起来的那个时候，这种需求是非常迫切的。这种需求同样推动了探索。于是，几百万年的历程成就了动物毛皮的加工史，这套技术也有它的专业名词"鞣制"。没有经过鞣制加工的，直接从动物身上剥下来的毛皮叫作生皮，经过鞣制加工后，带毛的称为裘，无毛的叫作革。我们现在依然用裘皮和皮革来标明材质。

北京猿人

《说文解字》中鞣的解释是："耎（ruǎn）也。从革从柔，柔亦声。"意思是柔软的皮革，也跟"蹂"的意思近似，指蹂躏（róu lìn），即使用暴力欺压、践踏，从这些字的意思大概可以推测出少不了捶打、搓揉这些"武力行为"。由此不难推断，用石头敲击生皮，用手使劲搓揉，使皮毛变得柔软，是这项技术的开始。

指尖智慧，从生活中来

据考古专家研究考证，远古时期，人类曾用过以下方法鞣制毛皮：

油鞣法。这是一种纯粹靠大自然法则，从自身寻找解决方案的办法。毛皮原本是动物的外皮，那么它体内的脂肪也就自带一定的毛皮软化作用。于是，人们将猎获或自然死亡的动物，用石

烟熏法

斧、石铲、石刀等工具剥下皮，铺展开形成皮板，然后将动物脂肪等含有油脂的物质涂抹在皮板上，再用力反复地捶打揉搓，毛皮就能变得柔软起来。

烟熏法。早期人类居住的场所，往往都有一个火坑取暖、烧水和做饭。在这样的生活方式下，人们发现烟熏竟然也能让毛皮变软，如果用草木灰、灶土等对毛皮揉搓一下，那么效果会更好。

油鞣法和烟熏法，是生活中无意发现和总结的经验，很长时间里，人们只知道这样有用，但不知道为什么有用。我们现在知道，主要是醛（quán）这个物质，能让毛皮中的蛋白质改变化学性质，使得皮革柔韧、不易腐烂，还耐用和好保存。远古人类当然不知道其中的科学道理，只知道经过烟熏以后，生皮在水和温度变化下都能稳定很多。这个土方法直到近现代，才被用化学物质甲醛鞣制的现代毛皮加工方法所取代。

水鞣法和口鞣法。天然温泉水，或者河水、泉水，还有动物血、尿液等，都可以拿来使用。浸泡洗晒，再用原始的石板、木棒等工具，

浸泡

对毛皮进行揉、搓、捶、打，这个过程中既有物理作用又有化学作用，使毛皮净化变软。在处理一些小面积毛皮时，甚至连口咬都是办法之一，其中也有科学道理。唾液与毛皮发生一定的化学反应，而且嘴巴咬也是一种鞣，加上口腔里温度的作用，总之这样能得到一定的软化效果。

不要低估这种原始口咬。在工具不发达的年代，人类跟动物一样，嘴巴的功能不仅限于饮食，而是经常要利用到的基本撕咬工具。很多女性在做针线活时，为了达到衣服缝线的平整，还会用牙齿来咬合，这是一种最为古老的熨烫方式。用牙齿咬断缝线就更平常了。到现在，人们还经常用嘴撕开包装袋呢。你能想象这个行为背后，有几百万年的强大动物基因的影响吗？

土鞣法。这个方法有一个悠久的传说。在黄帝时期，北方泥河湾盆地的桑干河两岸有大片盐碱滩地。黄帝带领部落从陕西渭河流域迁徙到这边的时候，意外发现了桑干河滩盐碱地上的盐碱土，竟然具有使兽皮变软的神奇功效。于是，他将盐碱土鞣制毛皮的方法研究后加以推广，这一带也变成了类似现代的"加工中心"。一直到二十世纪五六十年代，当地人还在使用这种方法。经化验，桑干河畔盐

衣裳年华

土鞣法

碱土中硫酸钠含量达百分之十五，另外还有硝、碱等化学物质，而这些都是鞣制毛皮的核心原料，对软化皮革都很有效果。

无论是土方法还是传说奇迹，古代的皮革加工其实是个复杂的化学加工过程。在现代化学理论研究出来之前，人们只有生活经验的积累，没有总结出专业又系统的原理，也是这门工艺发展缓慢的原因。

比如脱毛技术，可能只是一万年前的人类恰好发现，把湿的生皮，放在温暖而潮湿的地方，数天后毛就自动脱落了，人们给这个技术取的名字也很接地气——发汗脱毛法。然后过了几千年，又恰好发现在石灰液里浸泡也能脱毛，效率要高很多。后来又发现鸡粪鸽粪发酵后也可以用来脱毛。但人们依然不知道，这几种方法其实都是酶在起作用。连《天工开物》《梦溪笔谈》这样专业记录各种古代工艺的书里，有关皮革工艺也只简单地讲用芒硝、朴硝等鞣制动物皮革使之变软。不过这里提到硝——一种能使皮舒展和软化的矿物质，已经是一种相对专业化的理论了。

小众而专业的硝皮匠

芒硝与明矾均是大自然中存在的矿物质，是人们从事毛皮与制革生产中可以首先使用的天然材料。甲骨文与金文中没有这两个字，到篆书与隶书中才被找到，说明我们的祖先差不多是到战国时期，才将天然材料芒硝和明矾用于皮革加工。

在古代的漫长岁月中，皮革鞣制一直停留在以经验为基础的家庭手工作坊状态。但也有出现硝皮师这样一个小众行

刮皮

业，专门为富贵人家处理羊、兔、狗以及虎、豹、鹿、狐、貂等各种动物毛皮。硝皮师所使用的原料跟染料类似，更多的是源于植物配方，用树皮、树根、草皮加上一些泥土，一次次尝试中越来越纯的芒硝被提炼出来。硝皮鞣制行业也顺势出现了，不过远没有裁缝、木匠、铁匠之类的规模庞大。

硝皮——也就是鞣制之前，将有毛的一侧向下放置在木板或圆木上，光面向上铺展开来，随后使用专业的刮刀顺着毛皮生长的方向刮，把皮料上残留的肉、油脂和血迹清理干净。这个步骤需要控制力道，用力过猛会损伤皮料，过轻又清理不干净。刮完后，如果是要制作保留毛的裘皮，就用碎锯末或谷壳麦麸来反复搓洗，直到毛发重新变得蓬松有光泽。

正式鞣制的第一步是浸泡，在加盐的清水或者碱水中浸泡皮料，以达到除油污、去腥臭的作用。在南方一些地区也会使用茶渣来浸泡皮料，同样可以达到除臭、腥、臊的效果。随后，用糯米或者大米的米浆以及芒硝按一定的比例配制成芒硝溶液，也可以使用明矾、食盐配制成硝液，在没有精确测量工具的古代，硝液的浓度需要根据经验感觉来确定，有经验

指尖上的中国

的硝皮师会用指头蘸着尝一尝，根据咸度来判断。

慢慢地将皮料放进硝液后，每天早、晚都要将皮料上下翻动搅拌半小时，有空就反复将皮料拿出挤干再泡入。浸泡时间根据皮料品种、大小、品质以及环境温度的不同而调整。温度越高，皮料的浸泡时间越短。因此在温暖的春夏季往往是硝皮师们最忙碌的季节。

涂抹米粉

浸泡完成之后捞出沥干水分，伸展拉直拉平晒干，接着要进行铲皮。铲皮前又要将皮料喷水润湿，这个步骤是为了使毛皮重新恢复柔软松弛，如果在皮料上涂上米粉再铲制，效果会更好一些。皮料变柔软后用木条拍打清理掉粉末杂质，皮料就像被整容一样，变得柔软、耐磨、有光

铲皮

衣裳年华

亮。当然，如果鞣制技术不过关，那么相同级别的毛皮原料，结果也可能皮板沉重，手感不滑，硝皮师就成了毁容师。

这些传统的硝皮鞣制方法依然是有缺陷的。《西游记》第四十二回写着"悟空道，这一跌翻下去，却不湿了虎皮裙走了硝，天冷怎穿"，说明距今四百多年前的明代，硝面鞣制的裘皮如果泡了水，就会走硝，重新变硬。

随着西方工业革命的兴起，皮革鞣制技术越来越成熟，产量大幅提升，但可加工的动物毛皮数量有限，而且因此过度残杀动物也越来越被质疑，在此背景下，人们发明了人造皮革。

毛皮加工

145

狗尾续貂的故事

中国古代有一种和貂有关的帽子。书中这么说："附蝉为文，貂尾为饰"，也叫作貂蝉冠。这种冠原来是王公贵族和武将所戴，后来貂蝉也被用作达官贵人的代称。宋代诗人陆游在诗作《草堂拜少陵遗像》中有"长安貂蝉多，死去谁复算"的句子。晋代的时候，因为当官封王的太多，貂尾严重不足，于是出现了用狗尾来代替貂尾的做法，这就是成语"狗尾续貂"的来历。后来用来比喻用不好的东西续在好东西的后面，前后两部分非常不相称，也用来比喻写文章或办事能力不佳。

指尖上的行走

足底生花走过千年

指尖上的中国

人出生的时候脚是光溜溜的,在进化过程中的大部分时间和野生动物们一样都是光着脚行走,走的路多了脚下便有了厚厚的茧子,像猫爪的肉垫一样有一定保护作用,但是遇到恶劣的山野环境,或者冬季的冰天雪地,光脚就扛不住了。跟用毛皮做衣服的演变历程一样,他们在包裹身体的同时,也包裹了脚,这就是最早的皮鞋或皮袜,当然也可以用植物根茎、树皮,优点是原材料到处都有,但没有兽皮耐磨。

就如《韩非子·五蠹(dù)》中说的"妇人不织,禽兽之皮足衣也",那是连基本编织都还没被发明的时代,只能用禽兽毛皮做衣。在古代,人类身上的服饰分作首衣、上衣、下衣和足衣。足衣,就是足上的衣,是对鞋与袜的总称。史书中我们可以看到一些记载,比如从秦代时候起,人们更常用履来统称鞋子,是践、踩或着鞋的意思。鞋,就是为了让双脚更好地踩踏地面走路用的。

古人皮靴

在原始社会上百万年的时间里,人们只能简单潦草地用兽皮或者树皮茅草包裹一下身体。跟服装一样,鞋也是易腐坏的,所以只有极少的出土文物来证明鞋履的发展变化过程。从一些原始

氏族时期的文物中，可发现穿鞋的小人偶，但鞋的细节很模糊，只能从大概形状看出鞋尖上翘着。鞋头翘起，是中国古人鞋子最典型的特征之一。我们可以根据出土文物判定，鞋头翘起最晚开始于新石器时代，距今五六千年的样子，也就是炎帝到黄帝时代。更早的原始人是如何从兽皮裹脚逐步过渡到穿上鞋子的呢？当时穿的鞋究竟是皮的还是布的？我们目前对这些都是一无所知。

履（甲骨文）

谁都想穿一双舒适的鞋

根据人们对鞋子功能的需求，我们也可以试试推测应该从哪方面入手。首先，既然要承载整个人的重量踩踏地面，原始人要狩猎劳动，每天运动量很大，那么跟地面接触的部分就需要耐磨；脚背的皮肤比起脚底要柔嫩，所以这一部分的鞋面要柔软舒适；另外还需要合脚并且有很好的固定，不能有的地方大而空，有的地方小而紧，走路时既不能因为太小有压迫感，也不能因为太大而晃荡不稳；如果是在冬季，保暖性又是一项硬性需求……

考古学者在浙江省良渚文化遗址发现了一只新石器时代的木

指尖上的中国

木屐

屐，我们可以试着从功能角度去分析它。这个木屐是在一块木板上钻有五个洞，木板坚硬耐磨，是良好的鞋底材料，但是不好与兽皮或者其他布料缝合，所以不如打上孔穿绳子，用绳带捆绑的方式固定前脚掌、大脚趾、后脚掌和脚踝。这种木屐穿法不仅在中国后来的魏晋时期大为流行，在邻国日本一直到现在还在使用。

很明显，木屐适合在夏季穿着。而天冷的时候需要保暖材料，把脚背脚踝保护起来，需要有鞋面的包裹。葛麻和丝织品在殷商时代就已经发展起来了，可以推测那个时候的贵族，拥有一双有花纹的缎面鞋并不是难事，平民阶层，也会有麻布葛布等粗糙廉价一些的布料来做鞋面。

果然，在新疆楼兰古国的古墓里发现距今四千年的女墓主，她脚上穿着一双生皮皮鞋。这双皮鞋不仅有保护脚面与后脚跟的鞋筒（也叫鞋面或鞋帮），而且是与鞋底部分分开制作的。鞋底容易磨破，所以选择的皮子材料比鞋面更耐磨，说明这个时候鞋

衣裳年华

子已经不再是用一整张皮包裹，而是分成几个部分。跟造房子一样，不同部分对材料的需求和处理方式是不一样的。这种分部件制作的方法还得依赖两个工艺的进步，那就是针线缝制和帮面拼接。这双鞋现在看起来简单甚至有点儿粗糙，但却是制鞋史上划时代的大进步。

了解了楼兰皮靴的拼接结构，我们再看《周礼》中提到的复底鞋，也是典型的拼接结构。鞋帮用皮面或者缎面，鞋底为双层，上层是纳制布底，下层是木制底。纳鞋底是传统鞋底耐磨的技术保障。先将布剪成鞋底的形状，一层一层用糨糊粘贴起来（晾干后会变得硬实），然后密密麻麻走针线把整个鞋底扎牢。据说这种纳底布鞋首先是军队的需求，战士们作战奔跑时鞋底需要耐磨经穿。仔细看的话，鞋底的针脚是前后密集，中间略微稀疏，这是为了让前后脚掌处更耐磨，中间部分相对柔韧，非常符合人体力学，适合在战场上奔跑。

《周礼》是对周代礼法礼仪最权威的记载和解释，提到这种复底鞋，不仅仅是因为它结构和工艺上

古人鞋履

纳鞋底

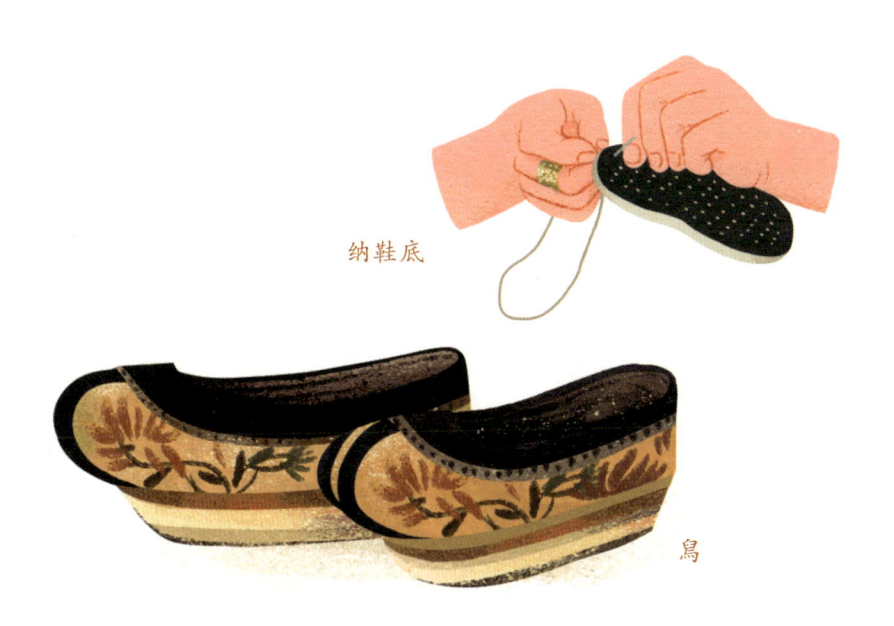

舄

更复杂，在纳制布底下面又加了一层木鞋底，也是因为在鞋的等级制度里，它站到了最高层，称作"舄（xì）"，是皇上皇后和高级官员们祭祀时穿的最尊贵的鞋。

《旧唐书·舆服志》中的记载说："**隋代帝王贵臣，多服黄纹绫袍，乌纱帽，九环带，乌皮六合靴。**"这个"乌皮六合靴"称得上鞋中极品。靴帮与靴筒的造型须符合脚面和小腿的形状，如果由多片拼接，会有更好的贴合度。如直缝靴，是用两片皮革缝合而成，因为中间有一道直缝而得名；又如四缝靴，是用五片皮革缝合而成，因靴帮有四道缝而得名。而六合靴的六合，不仅体现出靴帮结构

特点，更是取了东、西、南、北、天、地六合之意，象征着全天下和宇宙。皇帝脚踩这双鞋，也有着掌管天下的意味。

博取众长，才能日益精彩

虽然古代衣衫和鞋履已经被现代服饰取代，但它的品类在当时的丰富程度一点儿不比现代时尚行业差。

那时，制鞋的材料和工艺逐渐丰富起来，开始有了各种分类，类别足够多的时候，一种行业文化就逐渐形成了。比如鞋按材质可以分为三大类，有布帛、草葛和皮甲三种。布帛履以丝、麻、绫、绸等织物制成。草葛履是以蒲草为原料，经碾搓编织而成，几千年来一直是中国老百姓劳动时穿着的鞋。特别是山区，无论男女老幼，下地干活儿，上山砍柴、伐木、采药、狩猎等，不分晴雨都要穿草鞋。皮甲履则是指用生皮和熟皮做成的鞋子。

当基本类型和制作工艺差不多都已经出现了，在漫长的历史中，鞋履还会继续发展吗？

草鞋

布帛履

草葛履

皮甲履

回答是肯定的。一方面，通过不同的民族融合，一些新样式的鞋被传过来，比如靴子；另一方面，木屐、翘头鞋、草鞋在不同的时代，材料精致度和工艺水平会有提升，也会被当时的政治和文化影响而呈现不同的流行审美，比如款式和纹饰花样的变化。

前面提到的六合靴其实是一种靴子，在战国之前只存在于北方游牧民族地区。赵国的赵武灵王要跟这些游牧民族打仗，也建立了一支骑马的军队。但是中原地区原有的穿着完全不适合骑马打仗，比如只有半截的裤子和无法保护小腿的鞋子。于是他提倡"胡服骑射"，不仅让士兵学骑马，而且连衣服鞋子全身装备一起学习。于是，长筒靴子成了士兵的标准穿着。打完仗后他们回到家乡，又把这种鞋子的形式传到民间。我们现在能确定这件事是因为古书中有记录，《释名》中说："古有舄履而无靴，靴字不见于经，至赵武灵王始服"。

当靴子流入中原作为跟礼服配套的穿着时，又结合了成熟的

衣裳年华

不同朝代的靴子

纺织刺绣技术，演变出更多美观的样式和装饰。到唐宋时期，贵族富豪和普通平民都普遍穿着靴子，有长筒、短筒、圆头、平头、尖头等多种款式。宋后期，流行用黑皮做靴筒，冬款里面衬毛毡子，靴高八寸（约二十厘米），文武官员按照官级高低和服装颜色来决定靴边缝什么样的滚条，虽然是黑皮靴，细节的装饰还是非常讲究的。那些曾经流行的式样，现在听起来都不太好理解，有鹅头靴、云头靴、花靴、颉（jié）嘴靴、旱靴、革翁靴、高丽式靴……五花八门的名字记录着古人脚上的精彩。

一双出土的南北朝时期的靴子，靴底为皮革，靴面是麻布质地，靴内衬柔软的毛织物，整个靴子厚实保暖，靴面、靴筒还绣有红青黑蓝等色彩的云朵纹样。如果放在今天的时尚T台上，依然是做工精细又富贵艳丽的奢侈品。

木屐，魏晋的潮流物

木屐最重要的问题是解决木板鞋底的防滑问题。因此，一板五孔加系绳的原始样式，在鞋底加齿成了一种流行做法。木屐的标准结构逐渐演变为面、系、齿三个部分。面是鞋面，有的鞋面是一块木板，有的鞋面是用整个圆木凿出鞋帮和鞋洞；鞋面上系有鞋带，为系；齿是屐底部前后的木块。

圆木凿成的木屐

布面鞋可以有织锦花纹和刺绣，木屐鞋面的最佳装饰手法是彩画，据说汉魏六朝时期，新娘子出嫁都是穿彩画木屐。南朝诗人谢灵运发明了一种适合登山的木屐，把鞋底前后两齿设计成可拆卸的，上山去掉前齿，下山去掉后齿，以便保持人体平衡。那些喜欢在大好河山里游历、写诗、画画的文人才子很喜欢这种木屐，专门取名"谢公屐"。

木屐有男女款区别，男人穿方头鞋，表示阳刚从天，女人穿圆头鞋，意喻温和圆顺。

衣裳年华

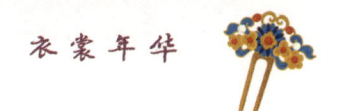

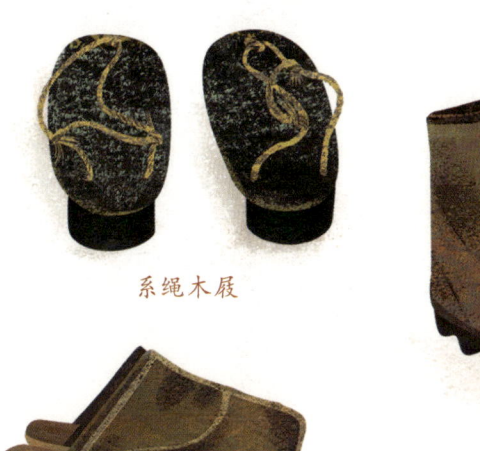

系绳木屐

带齿木屐

谢公屐

每个女孩心中都有一双绣花鞋

在中国传统的鞋文化中，鞋面与刺绣艺术结合的绣花鞋也是一个经典。它是怎么流行起来的呢？相传春秋时期，晋国的国君晋献公治国有方，将周围的很多小国都纳入了晋国的版图。他为了宣传自己的丰功伟绩，先是命令宫女的鞋面上必须绣上石榴花、桃花、佛手、葡萄等十种花果纹样。同时还下令，晋国老百姓家中的女孩子在出嫁时，也要穿上这种绣了花果纹样的绣花鞋，作为新娘子的嫁妆之一。这样做确实让鞋子变得漂亮了，于是这个命令竟然大受欢迎，很快成了全国百姓乐于遵守的习俗，并逐渐蔓延开来。从最初的在鞋子上刺绣发展到在衣服上刺绣，当时的晋国上下直接形成了一种新的行业——刺绣业。

人们形容古代穿绣花鞋的女子，走起路来总是婀娜多姿，各式各样的绣花随着脚步的移动，千姿百态、争奇斗艳，像精灵一样飞舞。女子们也不会错过展示自己好才艺的机会，从会针线活儿开始，就在准备为自己做一双可以让人惊叹的绣花鞋，这是她们难得可以大方展示自己的舞台。我们常常在电视剧中看到古代婚嫁场面，新娘子盖着红色的盖头，众人看不见她的脸，只好从一身嫁衣来观察判断，一双精心绣制的绣花鞋，随着步行的仪态，正是众目睽睽的焦点。

要做好这样一双鞋，先根据自己的脚形大小剪样子，用纸壳做出模型（模型做好后可以反复用），然后裱布壳——鞋底和鞋帮都需要用糨糊将多层布粘牢晒干，要密密麻麻纳实鞋底，绣花要提前画好花样，设计颜色（这方面做得出色的女子会引来方圆十里的姐妹跟她讨样子，除了样式花朵，还有彩色丝线），从鞋头到鞋跟甚至鞋底和鞋垫上都绣上

绣花鞋

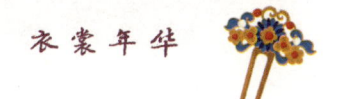

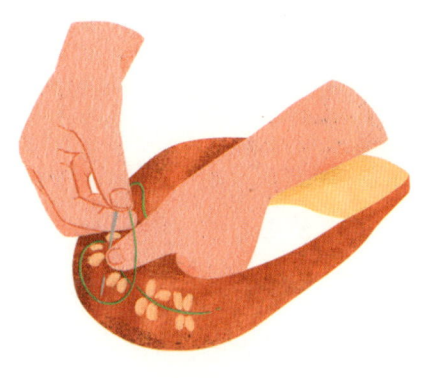

衣裳年华

鞋面刺绣　　　　　　　　帮底缝合

纹样。官宦大家族女子的绣花鞋，往往用金线银线绣花，叫金缕鞋。在很多诗歌文学作品中，描写美丽的女子，往往不需要太多笔墨，只要简单点到"金缕鞋"，就能让读者顿生遐想。

指尖工坊

为什么古代多是"翘头鞋"？

云头屐

歧头屐

箭头屐

1. 古人多穿长袍长裙，会时不时拖在地上，影响行动，也不好清洗。如果鞋子前面翘起，那么前面的裙边袍边和裤边就会被拦住和托起，能避免拖地绊脚，也能减少被地面灰尘和污泥弄脏衣物，下雨天还能有一定防止雨水溅湿的功能。

2. 古代除了少数城镇里的道路平坦外，基本都是土路，坎坷不平，走路时难免经常碰到各种凸起障碍，翘起的鞋尖可以有效减少这种撞击带来的伤害，脚指头不至于经常被磕碰到瘀青流血。

3. 古人关于衣物鞋履的设计，都要暗含哲学思想，鞋尖上翘，像船头，即是昂扬向上，又有一帆风顺、稳稳当当的寓意。

指尖上的连结

左右衣襟缔结美好盟约

什么，扣子也要单独拿出来讲？是的，我们说中国古代服饰丰富多彩，就连小小的扣子都是样式繁多的。

由于气温变化、卫生和着装场合等方面的要求，我们的衣服需要随时可穿可脱。衣服穿在身上不能过于松松垮垮或者脱落，脱的时候又不能太麻烦，这就意味着衣服需要一种方便系上、解开的设计。

结带的美好愿望

结带

用兽皮裹身的年代，不用说，肯定是用树皮、藤条、鹿筋等条绳状的东西捆扎固定。到夏商周时期，上衣下裳、宽袍大袖衣服的形式基本确定下来，穿衣脱衣时，两边衣襟要能自由连接或敞开，人们想到的依然是用捆系的方法来解

衣裳年华

决。但用粗糙的绳子显然不合适，于是用布料做成带子系在腰间，也有了漂亮的名字"结带式"。一种以丝织物制成，叫"大带"或"绅带"；另一种以皮革制成，叫"革带"。贵族还会在带子上吊挂玉制挂件饰品。

衣带打活结的叫"纽"，打死结的叫"缔"。我们现在所说的缔结婚约或盟约，是希望它再也不要被解开，可见"结"在那个时期就被人们赋予了契约和诚信的含义。

但在实际生活中，结还是需要被解开的，古人还发明了玉觽（xī），专用于解带子，同时配以精美雕刻，可以当装饰品。为了更好地系腰带，人们又发明了带钩，相当于我们现在的皮带扣，是可以搭扣起来的小装置，古称"犀比"，主要是男性使用。从出土文物来看，带钩在战国中晚期相当普遍，它们形式多样，材质包括玉、铜、金等，造型有龙首虎头、凤鸟、琵琶、竹节等，还有着跟人体腹部相合的曲线，那时流行的工艺——包金、贴金、金银错、嵌玉和绿松石等都有使用。

玉觽

带钩

163

一字扣与纽扣的起源

对于普通老百姓，没办法讲究腰带装饰，只是拿一条布带往身上一系，衣服就算固定在身上了，这种情况直到纽扣的出现才得以改变。

但纽扣也不是突然就出现的，在秦始皇兵马俑中，曾发现有个士兵的衣领上有一粒一字扣。当时的一字扣用于军队，是因为那时的将士铠甲多是牛皮甲，用一字扣打结可以使皮甲之间的连接更加牢固。一字扣一端的皮带环套可以叫"纽"，另一端的硬质扣合物（如木或铜）为"扣"，二者扣接成为扣合肩甲和胸甲之纽扣。这是目前所能见到最早的典型纽扣样式。

一字扣后来逐渐发展成我们熟悉的盘扣，也是形式最简单的盘扣。一字扣用于

秦始皇兵马俑

衣裳年华

一般衣物后，很少再用木条或铜条做扣，而是用一根布绳编结成球状的扣坨，再拿一根对折成扣襻（pàn）。扣坨和扣襻分别缝在两边衣襟，而且要水平相对，扣的时候将扣坨套进扣襻，解的时候脱离扣襻即可。

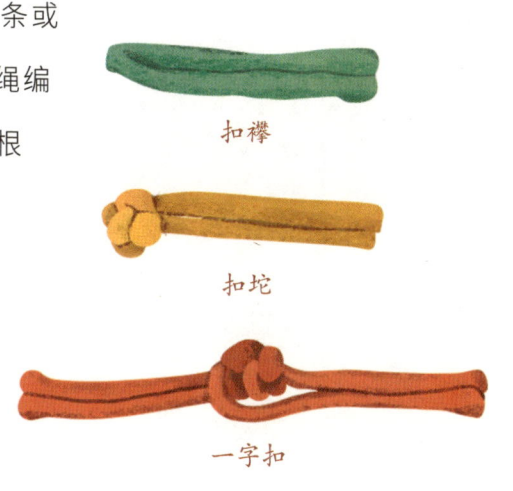

扣襻

扣坨

一字扣

一字扣不但简单大方，还代表了一心一意、一帆风顺等美好的寓意。

  一字扣还有一种演变形式是变成了圆球纽扣。云南晋宁石寨山出土的战国文物中，就有用蓝、苹果绿、浅灰色的绿松石做成的圆、椭圆、动物头状和不规范形状的纽扣，造型别致。每颗纽扣都有一两个小孔，用于穿线缝缀。在中原地区，一直也有零星发现，包括小石块、贝片、动物角、核桃和椰壳制作的简单纽扣。这说明在华夏历史早期，纽扣就已经被发明出来。但是夏商时期建立并沿用的服装形式，更适合用衣带腰带，所以盘扣和纽扣一直到明代才被普遍使用。

  在这个过程中，扣衣方式的变化是一个从宽衣时代向窄衣时

不同时期的服饰

代过渡的标志性元素。所以到了不再穿宽袍大袖的清代，衣带差不多被彻底取代了，盘扣广泛应用于传统氅衣、马褂、坎肩、短袄、旗袍、汗衫、长衫等日常服饰上。

样式繁多的盘扣

盘扣由盘纽、纽襻和襻花三部分组成。"盘"是指采用绕圈编盘的方式；"盘纽"是指纽扣坨；"纽襻"是指用于套住盘纽的襻套；"襻花"是指用衣料布头制作的，在纽和襻尾部编盘的花形图案。

衣裳年华

制作盘扣，要先用布片做成有一定硬度的绳条，才能盘卷定型。这个布片的裁剪方式需要根据衣料纱线的经纬方向下剪刀，要按着45度方向来裁，这样卷条后才能经得起拉拽不变形。一些偏软薄的布料，还要用面糊上浆。把低筋面粉加水熬成糨糊，均匀地刮在布条背面，干燥后弹掉面灰，将两边对折熨烫，形成筒管状，

做盘扣

然后在里面埋上一条细铜丝，再用胶固定，这样的布条卷折起来更好定型。

在盘扣的发展过程中，除了基本用途，还发展出装饰、美化的功能。

首先，襻花部分，就可以弯曲盘绕出各种图案，有植物造型，如葫芦、梅、菊、兰等；有动物造型，如龙、凤、龟、蝴蝶、鱼等；有文字造型，如福、喜、寿等；还有琵琶、飞云等其他造型，加上不同的颜色和布料材质，千变万化。盘扣有对称的，也有不对称的，它不仅仅有连接衣襟的功能，更是装饰服装的点睛之笔。

蝴蝶扣

凤凰扣

琵琶扣

盘襻花也是古代女子巧妙心思和手艺水平的展示。虽然基本的手法都差不多，但布条裁剪、压制的齐不齐平不平，盘卷的时候图案比例是否精巧，线条是否流畅，都决定了最终的神韵和气质。跟所有工艺一样，需要无数次的练习，除了艺术感觉，熟练是最核心的秘密。

其次，襻纽的小坨坨，也可以用其他更贵重的材质来做成，有玛瑙、水晶、琥珀、翡翠、金银、玉石等。工艺有镂雕、花丝编织、宝石镶嵌、烧蓝……这个小小的球状纽扣的制作，一点儿也不比现在的精美首饰简单。

明代时期人们喜欢将整个颈部包住，所以流行在外衫领部用一两个精致的金属圆扣，其余地方用带结。明太祖朱元璋之子朱檀墓中出土的金纽扣，钮为花心，扣为两圈葵花花瓣，当扣合衣

衣裳年华

服时，两部分相合就成为一朵葵花。

也有将整个盘扣都用金银来做的，不是用绳条盘绕，而是金属工艺。左右两边称为雌雄二体，左为雄，右为雌，扣合时将雄的钮头插入雌的襻圈中，结合紧密，完美无缺，构思相当巧妙。比如一个经典的设计，是一侧为雌蝶（蜜蜂也常见），头部有菊花一朵，花心中空，另一侧为雄蝶，头部为一内嵌宝石的圆饼，扣合后宝石就变成了花蕊。

宝石蝴蝶盘扣

民国时期，改良的旗袍成为广大女生的偏爱，旗袍线条简约，与花样百出的盘扣是绝配。盘花扣的创作，在这个时候得到了最大的发展。常见的如琵琶扣、一字扣、蝴蝶扣、兰花

旗袍上的盘扣

扣、菊花扣、凤凰扣等，点缀在胸前、肩颈衣襟的醒目位置。

旗袍之美，点睛之笔在盘扣。这种结合盘、缝、包、缠等多种工艺、配色和花样的小小扣子，已经成为一种鲜明的华夏文明的传统符号，于细微处体现着中国文化的博大精深。

衣裳年华

指尖工坊

　　小小的纽扣，通过它人们可以看到一个民族的特点。盘扣、金银珠玉扣、有复杂花纹的纽扣是中国的特产。饰有美丽彩绘的陶瓷纽扣是法国的名品。有色玻璃纽扣是波西米亚的代表作。象牙色的纽扣是南美特色，它们是厄瓜多尔的棕榈树果实，质地坚硬，颜色如象牙，又称象牙果，是做纽扣的绝好材料。

　　进入二十世纪，各种化工合成材料的纽扣被大量生产出来，价格便宜，原材料包括树脂、尼龙、塑料等。同时，拉链的发明和广泛运用，使得纽扣不再垄断衣物的连接功能，很多时候只是作为装饰。

衣

年

指尖上的异彩

节日里的美丽从发饰开始

指尖上的中国

　　如果你想穿越到古代，还要融入古人生活，那么首先要改变的肯定是你的穿着打扮。女生立即就会发现，头上光是挽一个发髻（jì）都很难呢。古装电影和电视剧中那些美人的发型和五花八门的发饰，真要实现起来，完全是一门复杂的手艺和学问。

　　古人注重身份和礼仪，逢年过节的时候，女子更需要精心打扮。跟现代人去商场或者网购各式皮筋发卡和化妆品不一样，她们更多的是使用手工定制的"奢侈品"。一些发饰首饰，从祖母到孙女，代代相传，也是这些女子最珍贵的财产。

　　这些发饰为什么会如此贵重呢？

　　一方面是因为里面有亲情传承，一支发钗生产的时候，就想着它要被几代人使用。一个姑娘拿到这支发钗，也是打算自己能用到老，然后再给女儿、外孙女……另一方面也是因为古代物质生产费工费力，每件物品都要手艺人一点儿一点儿亲手打造才能足够精美，来之不易。这也是我们如今还能在博物馆看到大量古代首饰的原因，它们真的可以流传上千年。

发簪

　　传说中人类祖先在有衣服穿

衣裳年华

后的很长一段时间，都是披散着头发，有时候都分不清男女。后来，人们慢慢形成一个共识：男性头发编辫子，束在头顶；女性头发梳成一圆坨——发髻，这样从发型上就能一目了然地分辨是男是女。用什么来固定头发呢，最初人们能想到的不过是一根树枝、竹棍、细长的骨头，后来逐渐精致讲究起来，以玉为主，最差也要用磨得圆润修长的木条，于是就有了专门的名称"笄（jī）"或"簪（zān）"。古代女孩子十五岁成年，标志就是开始用笄把头发梳成发髻，所以又叫及笄之年。

簪子是男女都需要用的，男性的头发也需要簪子来固定。后来又发明一种"冠"，就是给头顶的发束戴一个木头或者金属做的小帽子。到了清代，簪和冠都不用了，直接一条大辫子。民国的时候，男性开始流行短发。

女性发型和头饰的发展演变就复杂多了，正因为女性的爱美之心，中

指尖上的中国

国古代做头饰的手艺一直令全世界惊艳。

从原始人用树枝、骨头挽起一个发髻开始，中国古代女子的发型和首饰千变万化，精彩纷呈。

水滴石穿的玉簪琢磨

最早代替树枝骨头做发簪的材料是玉。玉簪往往在簪头部分要做一些花样，刻一些线条或花纹，有的镂空，有的做成鸟、花的形状……做玉簪的工艺分很多步，从选择玉石原料，到切掉外皮、分割成各种尺寸的小块，然后做具体的造型，到打孔、刻花纹、雕花……所有的环节总结起来就是用大大小小的工具来"琢磨"。

玉是一种坚硬的石头，玉簪纤长而薄，因此在选材上，要保证所选玉石无明显瑕疵、裂痕。其次，薄薄的玉簪比较脆，容易断裂，制作过程中不能用力过大，只能拿出水滴石穿的耐心，反反复复慢慢磨，人们用温润来形容磨工好的玉。

好的玉石原料难得，无论要做玉簪还是其他首饰，要根据它天然的状态切割、雕琢，不可以

发簪

衣裳年华

玉石加工

浪费太多。所以琢磨过程既包括前期的深思熟虑，也包括后期的各种打磨。"玉不琢，不成器"是形容一个人要经过磨炼，才能成才，就像玉一样，只有被反复琢磨才能成为优质的首饰器皿。

金碧辉煌下的细细密密

金银是制作首饰的主要材料。早在商周时期，人们就开始尝试各种金银加工手艺了。最早的叫"金银错"，这个"错"不是错误的错，而是指涂金到其他物体的表面。开始是在青铜器上，把画出的图案錾刻成凹下去的槽沟，然后把金或者银打成细长的薄片，嵌入填满槽沟，去掉多余的边角，磨平磨亮，暗色的青铜装饰上这样金灿灿的图案，形成强烈的颜色对比。

有一种鎏金法，能让涂金更牢固紧密。金和汞融化后可以混合成泥巴状的泥金，涂在物体表面，调整均匀后再用炭火烘烤，泥金里面的汞受不了高温就会挥发掉，留下纯金被牢牢粘在物体表面。这种技法的发明降低了很多首饰的成本，因为底料可以用银、铜、锡甚至木头等便宜一

金银错饰品

鎏金饰品

些的材质，只在表面上鎏一层金，看上去跟纯金的一样漂亮，而且要轻盈很多。

金、银、铜都是有韧性的金属，可以捶捶打打变成薄片，还可以高温烧一烧拉成细丝，适合首饰的各种造型。花丝和累丝工艺就是把这些金属拉成头发一般的细丝，再像编织竹篾和绳子一样，编成各种辫子和网状结构，做成立体的花草或动物形状。小结构可以通过焊接或者堆砌组合成复杂的大结构。一般还会结合镶嵌技法，用金属片做出小托盘和小爪子，牢牢抓住珍珠、宝石。

金饰

我们还会在一些金饰上看到密密麻麻的黄金材质的小珠子，似乎不太可能是用锤子敲打出来的，用磨工的话又过于耗费时间，更不可能借用现代机器。那究竟是什么神技做出来的呢？

原来是炸珠。将黄金溶液滴入温水中会形成大小不等的金珠。也可将金的碎屑在炭火上加热，熔化时金屑呈露珠状，冷却后便能凝成小金珠。唐代人称呼这个为金粟，像粟米一样的金米，不过比粟米还要小，直径在一毫米左右。将这些小珠子用焊接技术固定在首饰上，有时会搭配一些其他颜色的宝石、贝壳片，再通过花丝、镶嵌等工艺组合在一起。这样的首饰远看是一片金黄，近看金黄的部分是细细密密的小珠连成的一片，线条是细丝编织而成，形状是层层堆叠而就，震撼人心的奢华感扑面而来。

有些簪子和钗，头部是镂空的立体蝴蝶、龙、凤等形象，栩栩如生，这其中也有独特的工艺技术。把木炭碾成细末，用白芨草的黏液调和，变成一种炭灰泥巴；用这个泥巴做雕塑，龙、凤、蝴蝶都可以；然后在雕塑表面贴上金银丝、金珠，用焊药把它们连接成一个整体；最后将其放入火中。里面的炭雕塑被烧化后，留下外面金的空壳，玲珑剔透的艺术品就诞生了。戴在头上，活灵活现，闪耀的光芒比太阳还耀眼。

镂空饰品

令人目眩神迷的点翠与烧蓝

点翠是古代贵族尤其是皇宫里流行的头饰。翠，就是翠鸟之羽。从工艺上看，是金银镶嵌的另一种运用。把翠鸟羽毛当作一种镶嵌材料，按照设计好的图案贴在花丝、鎏金等做成的底座上。

关于翠羽的获取，专业书籍中有记录"用小剪子剪下活翠鸟脖子周围的羽毛，轻轻地用镊子把羽毛排列在涂着黏料的底托上。翠鸟羽毛以翠蓝色雪青色为上品，颜色鲜亮，永不褪色。"翠鸟羽毛呈现出一种天然的幻彩蓝，配上金色的边和底色，富丽堂皇，让人目眩神迷。但传说中的永不褪色并不真实，从古董首饰来看，点翠一百年左右便会褪色。

传统的点翠工艺虽然并不是杀鸟取羽，但仍然是残忍的，会对翠鸟造成无法消除的伤害。一些被取过羽的翠鸟往往会很快死亡。所以后来的人们想办法用其他材料来代替翠鸟羽

点翠饰品

指尖上的中国

毛，比如染色的鹅毛和丝绸，点翠工艺也因此延续了下来。

点翠首饰的精髓在于那种蓝色的美丽、端庄、典雅，到了清代，从皇后到平民女子，都深深为之着迷。这时出现了另一种工艺——从景泰蓝演变而来的烧蓝，也能做出精良而美丽的蓝色首饰。

烧蓝其实是金银花丝、镶嵌与陶瓷烧制工艺的结合。一些天然矿物粉在经过高温后会熔化发生化学反应，变成某种颜色的釉色。这种釉如果附着在金属上，就被称为珐琅彩。在铜上面用金属丝画出图案，再将釉料填满金属丝圈出的图案，经过800℃左右的高温烧制，就会变成多彩的釉。人们偏爱其中的蓝色，所以一般都是大面积的蓝色配一点儿彩色，这就叫景泰蓝。

这个工艺用到首饰制作上，采用了更珍贵的银金属做胎底。虽然银和这个釉的结合能力不如铜，但烧制成功的话，得到的蓝色比景泰蓝更好看，这就

烧蓝饰品

182

被叫作蓝烧银或者烧蓝。用釉料填充花纹再用高温烧制，这个过程一般要反复四五次，得到的釉色才能达到满意的程度，效果可以跟点翠媲美。精美的首饰设计，一般还会在烧蓝之外镶嵌上玛瑙、翡翠等玉石珠宝，增加色彩和质地的丰富性。

指尖工坊

我们大概了解了制作首饰的一些基本工艺。虽然都是插在头上的装饰品,但根据用途和样子的不同,它们还都各有名字。除了基本的发簪之外,还有华胜、步摇、发钗、发钿(diàn)。皇室和贵族的女子可以用珍奇的材料做发饰,而一般平民百姓只能选择简单朴素的,平时一根荆钗就搞定了,过年过节才舍得戴上自己贵重的金银玉首饰。于是,象征着简朴勤劳的"拙荆",便成了古代男子对外人称自己妻子的谦辞。

荆钗

钗由两股簪子组合而成。钗挽头发比簪更牢固一点儿,也有人用它把帽子别在头发上。发钗的用法自由多变,有的横插在发髻上,也有斜插、倒插、竖插的用法,还可以同时插好几只,关键是钗头的设计,可以把各种首饰加工工艺都用上。

钗

衣裳年华

　　华胜，又叫花胜，是指做成花朵形状的首饰，插在发髻上，或者缀在额头上方。

　　步摇，是在簪、钗的一头做造型，一般为鸟、蝴蝶、花等，再接上一串珠子、吊坠、流苏等可以摇动的装饰。走路的时候，头上就会有一步一摇的效果，灵动可爱。

华胜

步摇

指尖上的中国

　　钿是用金、银、玉、贝等做成的花朵状装饰品，一般用镶嵌工艺制成，让头饰拥有多种材质和颜色，互相搭配，五光十色。

钿